변분법과 해석역학

김선화 · 이사용 지음

도서출판 GS인터비전

머리말

사람은 오래 전부터 수학을 통해 무언가를 예측하려고 노력해 왔습니다. 자연 현상, 다른 사람들과의 관계, 심지어는 자신의 미래까지도 예측하려고 했습니다. 이런 점에서 수학적 방법이나 과학적 방법은 종교를 대신할 만한 예지 도구라고도 볼 수 있습니다. 그래서 수학은 더욱 발전하고, 정확해지는 방향으로 진화하였습니다. 수학의 발전은 우리가 세상을 보는 방식을 바꾸었고, 더욱 정밀한 예측을 가능하게 하였습니다.

공학의 핵심 원칙 중 하나는 복잡한 자연 환경을 수학적 기술로 간결하게 표현하는 것입니다. 이는 물리적 현상을 정량화하고, 그 패턴을 파악하는데 중요한 역할을 합니다. 이러한 수학적 표현력은 공학자가 문제를 이해하고 분석하는 데 필수적이며, 이를 통해 새로운 이론을 창출해내는 능력을 갖춘다는 것이 중요합니다. 미분과 적분을 사용하는 큰 이유는 자연 환경을 해석하고 예측하기 위해서 입니다. 자연 현상들을 수학적 방정식으로 해석하고 그 특성을 파악하여 방정식이나 수식으로 나타내는 것입니다. 그리고 그 수식을 적분하여 미래를 예측하는 것입니다. 이는 미래의 자연 환경을 예측할 수 있는 도구로서의 수학의 역할을 잘 보여주는 예입니다.

수학 교과서를 깊이 있게 분석해보면 그 목적이 명확하게 드러납니다. 수학은 체계적으로 수의 체계를 논하고, 다양한 방정식과 함수를 다룹니다. 일차방정식부터 고차 다항식에 이르기까지, 복잡한 함수를 표현하는 방법을 확실하게 습득하게 됩니다. 이를 통해 우리는 복잡한 문제를 간결한 수식으로 표현하는 기술을 완벽하게 익힙니다. 이어서 행렬이나 급수를 배워 복잡한 함수를 간단한 사칙연산으로 변환하는 방법에 대해서도 자세히 배웁니다. 더 나아가 확률과 통계를 통해 미래를 예측하는 복잡한 방정식을 구축하는 능력을 키울 수 있습니다. 결국, 중고등학교에서 배우는 수학은 자연 환경을 설명하는 역학의 모든 것을 포괄할 수 있는 기초를 마련합니다. 이 모든 것은 수학이 자연 현상을 이해하고 예측하는 데 있어 결정적인 역할을 하는 도구임을 확실히 보여줍니다.

이 책은 저자인 김선화 박사가 그의 지도교수인 고양보석 교수의 강의 자료를 편집하여 식, 그림, 표들을 더욱 이해하기 쉽게 정리한 것입니다. 고양보석 교수님은 전문적인 지식을 기술자들에게 전달하는데 있어서, 가장 이해하기 쉬운 표현을 사용하시는 것을 목표로 하셨습니다. 그러나 그 지식을 더욱 깊이 있게 설명하여야 하는 전공자에게는 누구보다 어려운 방식으로 공부하게 하셨습니다. 변분법은 물리적인 현상을 수학적이고 공학적인 기술 방법론의 시작이라고 할 수 있습니다. 물리현상을 쉽게 설명하기 위해 복잡한 수학적인 기술방법에 대해 논의하는 것은 공학도로써 중요한 소명이라고 확신합니다. 이 분야를 어렵게 느끼고 학습을 회피하는 경향이 있는 기계공학 전공 학생들에게, 공학의 기본으로 돌아가는 것이 큰 의미가 있음을 진심으로 느끼고 이 책을 정리하였습니다.

차례

Chapter 1

서론

자연계의 거의 모든 물리적인 현상은 미분방정식에 의해 설명될 수 있고, 주어진 방정식과 영역이 단순한 경우는 흔히 무한급수 형태의 해석적인 해로 얻어질 수 있다. 그러나 일반적인 편미분방정식으로 표현되는 대부분의 실제 문제에서는 불규칙성과 기하학적 비선형성 및 재료의 비선형성으로 인해 엄밀해가 얻어지지 않는다. 따라서 결국 적절한 근사해를 구하기 위한 여러방법이 지속적으로 개발되어 왔다. 이러한 근사해법중에는 유한차분법과 변분법이 공학문제의 응용에 두드러지게 사용되어 왔다. 특히 최근 20년동안 고전적인 변분법의 한 줄기인 유한요소법이 급격히 발전하여 왔으며, 기술자들 사이에 널리 인기를 끌고 있다.

유한차분법은 유한 Taylor급수에 의해 함수의 도함수를 표현하는 원리의 단순성과 정식화의 용이 및 컴퓨터에서의 실행의 편리함 등의 장점을 가지고 있다. 그러나 이 방법은 불규칙한 경계에 대한 경계조건의 실행에 대한 어려움과 불규칙한 영역을 정확하게 표현하는 어려움등의 단점도 가지고 있다.

Ritz법, Galerkin법, Kantorovich법 등과 같은 고전적인 변분법은 주어진 문제에 대응하는 2차형식의 범함수의 최소화 또는 어떤 면에서 근사화에 따른 오차를 최소화하는 것에 기초하고 있다. 이 방법은 해와 그 도함수의 양면에서의 단순성과 정밀도의 장점에도 불구하고, 유한차분법에 비해 그다지 널리 사용되지 못하였다. 이는 주로 불규칙한 영역의 경우, 근사함수를 구성하는데에 직면하는 어려움에 기인한다.

유한요소법은 이러한 고전적인 변분법의 단점을 극복하기 위해 근사함수가 체계적으로 쉽게 얻어질 수 있는 부분영역(요소라고 한다)의 집합을 이용하여 근사해를 구하고 있다. 이 방법에서는 원래 영역은 유한요소 mesh라 불리우는 요소들의 집합으로 대체된다.

유한요소법을 포함한 변분법은 방정식에 가중함수를 곱하고, 영역에 걸쳐 적분을 수행함으로서 얻어지는 적분형태의 표현에 기초하고 있다.

변분법은 범함수의 극대 및 극소치를 구하는 방법을 제공하는 것으로, 어느 범함수의 극대 또는 극소를 구하는 문제를 변분 문제라 한다. 변분법은 1696년 페델스부르크 과학아카데미 회원인 L.Euler에 의해 몇가지 기본적인 발견 후 발전되어 오고 있으며, 수학에 있어서 독립된 한분야로 되고 있다. 따라서 Euler는 변분법의 창시자로 인정되고 있다.

수학사상 변분문제가 최초로 등장한 것은 1630년 Galileo Galilei(1564 ~ 1642)가 최속강하선을 다룬 것으로 시작된다. 이 문제는 후인 1690년대가 되어 스위스의 Jarnes Bernoulli(1759 ~ 1789) 및 John Bernoulli(1667 ~ 1748)에 의해 해결되었다. 그 후 해석역학(analytical mechanics)의 연구와 함께 발달하였다. Leohard Euler(1707 ~

1783)와 Joseph L. Lagrange(1736 ~ 1813)는 "질점이 시각 t1에 점 P1에 있고, t2에 점 P2에 도달한다고 할 때 질점 운동에너지의 함수에 대한 t1, t2 간의 적분의 2배를 작용이라 부른다면, 실제 운동경로는 P1, P2를 잇는 곡선 중에서 이 작용이 최소로 되는 것이다." 라 하는 최소작용의 원리를 유도하였다. 이후 William R. Hamilton(1877 ~ 1954)은 운동에너지와 포텐셜에너지 차의 시간적분이 최소로 되는 것이 실제 운동경로가 됨을 유도하였다. 이를 Hamilton의 원리라 부른다. 보존계의 경우 Hamilton의 원리로부터 최소작용의 원리가 유도된다 즉 Hamilton의 원리는 "어느 양의 시간적분이 최소로 된다."고 하는 것이므로 변분 원리이다. 이러한 해석역학에서는 스칼라량을 취급하므로 좌표계와 관계가 없다.

19세기 말에 걸쳐 H.L.F von Helmholtz(1821 ~ 1894)는 순수한 과학적 입장에서 최소작용의 원리를 보편적 자연법칙, 즉 물리학 전체를 지배하는 중심 명제로 하였다. 그는 역학과 광학에 있어서 그 중요성을 인정하고, 그것을 전기역학(electrodynamics)에도 적용하고, 열역학에까지 그 응용범위를 넓히는 시도를 하였다. Max Plank(1858 ~ 1947)는 최소 작용의 원리에 대해 철학적인 의의를 부여하였다. 즉 역학 이외에도 예로 빛이 매체를 통과할 때 그 소요 시간이 최소로 되도록 하는 경로를 그린다고 하는 소위 Fermat의 원리가 있다. 즉 1928년 케임브리지의 F.P. Ramsey는 경제에 관한 하나의 문제를 들어, 변분법 가운데 하나의 모델을 제창하였다. 투자비율, 즉 자본투입의 시간적 변화율은 그것이 적용되는 사회의 상태에 의해 변화한다. 자본의 축적양이 어떻게 변하면 좋은가 하는 문제에 대해 Ramsey는 자본 축적양의 시간에 대한 변화가 어느 효용의 범함수를 최대로 하는 경로를 따르는 것을 나타내었다.

변분법에 의한 정식화는 해의 수학적인 성질을 연구하기 위한 수단과 아울러 가장 중요한 근사화의 수단을 제공한다는 특징을 가지고 있다. 첫째로 역학의 많은 문제가 최소 또는 최대의 극치를 찾는 문제에 직면하고 있고, 이들은 변분표현에 의해 정식화될 수 있다. 둘째로 Newton의 법칙과 같이 벡터 역학 등으로도 정식화될 수 있는 문제도 있으나, 이들은 역시 변분원리에 의해 정식화할 수 있다. 마지막으로 변분원리는 다른 방법으로는 취급하기 어려운 실제문제의 근사해를 얻기 위한 강력한 기초를 구성하고 있다는 특징이 있다.

변분법의 발전에 지대한 영향을 끼친 3가지의 기본문제를 제시한다.

1.1 최속강하선의 문제

1696년 John Bernoulli가 수학자들에게 제시한 문제로, 중력의 작용하에서 마찰을 무시하고 A에서 B까지 가장 짧은 시간에 미끄러져 내려가는 경로를 구하는 것이다(그림 1.1). 점 A와 B를 연결하는 가장 짧은 선은 직선이지만, 가장 빠르게 미끄러져 내리는 경로는 직선이 아님을 쉽게 알 수 있다. 질점이 직선을 따라 미끄러져 내릴 때 질점은 비교적 천천히 가속된다. 만일 곡선이 출발점 부근에서 직선보다 큰 기울기를 가지면 전체 길이는 증가하나, 그 대부분에서 질점의 속도는 직선의 경우보다도 크게 될 것이다. 이 문제에 대한 해답은 John Bernoulli, Jacob Bernoulli, Newton, del'Hospital에 의해 주어졌고, cycloid 곡선이다. 운동 및 위치에너지의 관계를 속도에 대해 정리하면 아래와 같다.

$$\frac{1}{2}mv^2 = mgh$$

$$v = \sqrt{2gy}$$

따라서 시간 t에 대한 범함수 t(y(x))는 아래와 같이 표현할 수 있다.

$$t(y(x)) = \int_A^B \frac{d_s}{v} = \int_A^B \frac{\sqrt{dx^2 + dy^2}}{\sqrt{2gy}} = \frac{1}{\sqrt{2g}}\int_{x_0}^{x_1} \frac{\sqrt{1 + \acute{y}^2}}{\sqrt{y}}\,dx$$

이는 범함수 t(y(x))가 극소로 되는 y(x)를 구하는 문제이고, y(x)는 cycloid 곡선이 된다. 이는 구속조건이 없는 변분문제의 대표적인 예이다.

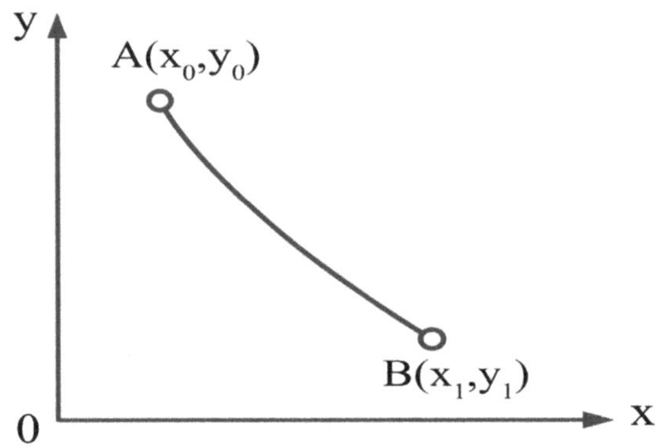

그림 1.1

1.2 측지선 문제

그림 1.2와 같이 주어진 곡면에서 두 점 사이를 지나는 경로의 길이, l에 대한 범함수는 아래와 같이 표현할 수 있다.

$$l(y(x), z(x)) = \int_{x_0}^{x_1} \sqrt{1 + y'^2 + z'^2}\, dx$$

그림 1.2의 곡면, ζ는 아래와 같은 구속조건이 된다.

$$\zeta(x, y(x), z(x)) = 0$$

이는 A, B를 연결하는 곡선은 곡면 위에 있어야 하기 때문이다. 만일 구면이면 그 원호가 해가 된다. 이는 1679년 John Bernoulli에 의해 해결되었지만, 일반적인 방법은 Euler와 Lagrange에 의해 주어졌다.

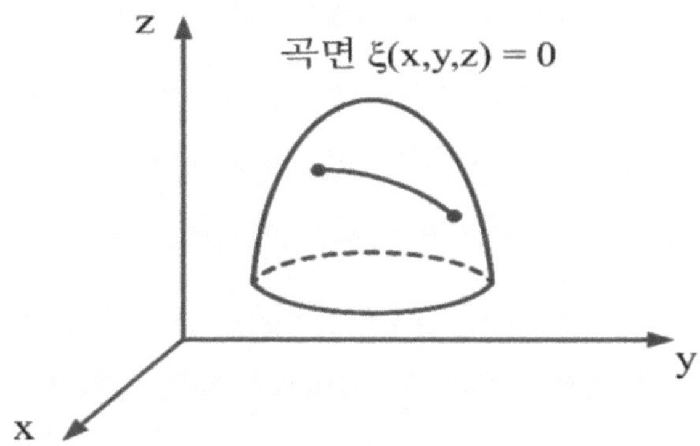

그림 1.2

1.3 등주문제

일정 길이 l의 폐곡선으로 둘러싸인 면적이 최대로 되는 곡선을 구하는 문제이다. 이 경우 곡선이 원이어야 하는 것은 고대 그리스인도 알고 있었다. 이는 곡선의 길이 l을 구속조건으로하고, 면적 S의 극대값을 구하는 문제이다. 이때, 곡선의 길이 l과 면적 S는 모두 아래와 같은 범함수이다.

$$l = \int_{t_0}^{t_1} \sqrt{x(t)^2 + y(t)^2}\,dt$$

$$S = \frac{1}{2}\int_{t_0}^{t_1} \dot{x}y - \dot{y}x)\,dt$$

즉 어느 범함수의 값이 일정하다는 조건하에서 다른 범함수의 극치를 구하는 것이다. 이는 적분형의 구속조건을 갖는 변분문제로서 일반적으로 등주조건이라 부른다. 일반적인 방법은 Euler에 의해 상세하게 주어졌다.

등주문제와 변분법

『주어진 둘레를 가지는 평면도형 중에서 면적이 최대인 것을 구하라』 또는 『표면적이 주어진 값을 갖는 입방체 중에서 체적이 최대인 것을 구하라』 하는 문제를 등주문제라 한다. 많은 과학자가 연구하여 답은 원과 구라는 것이 고대로부터 알려져 있었다. 이런 종류의 문제를 예로 들어 수학자의 주의를 환기시키고, Euler나 Lagrange에 의한 변분법 개발의 기초를 만든 것은 스위스의 Bernoulli형제이다. 동생인 John Bernoulli가 연구한 변분문제가 최속강하선으로 이를 brachistochrone이라 부르고, 이것은 그리이스어로 『가장 짧은』 이란 의미의 brachisto와 『시간』 의 chrone을 조합한 것이다. 그느 해를 발견한 후 닷의 관습에 따라서, 전세계의 우수한 수학자들에 이 문제를 알리고 풀어 보도록 하였다. Leibniz는 연락을 받은 바로 그날로 이 문제를 풀었다고 알려졌으나, 형인 Jakob Bernoulli나 Newton도 답이 cycloid인 것을 발견하였다 한다.

그런데 cycloid에 대해서는 이미 Huygens가 상세한 연구를 수행하여 그 선상의 어디로부터 질점이 미끄러져 내려도 낙하시간이 같다는 것까지도 알려져 있었기 때문에 John Bernoulli는 경탄하였다고 한다. Cycloid 진자에서 엄밀히 등시성이 성립하는 것은 잘 알려져 있지만, Huygens는 그 이유로부터 이 곡선에 등시곡선(tautochrone, tauto는 『동일의』 뜻임)이라는 이름을 붙였다.

또한 예를 든 등주문제는 『주어진 둘레를 가진』 이라 하는 조건이 부여된 변분문제로, 이것을 취급하는 미정곱수법이라는 방법이 Lagrange에 의해 고안되었다.

Chapter 2

변분법과 미분법의 비교

변분법(calculus of variation)은 범함수(function)의 극대 또는 극소를 구하는 문제로, 일반적인 함수의 극대, 극소를 구하는 문제의 해법과 매우 유사하다. 즉 초등 미분적분학에서 극대와 극소는 그림 2.1에서 보는 바와 같이 함수, $f(x)$의 미분으로서 x_0, x_1을 구한다.

$$z = f(x) \tag{2.1}$$

$$z' = df(x)/dx = 0 \tag{2.2}$$

즉 어느 수 (x_0, x_1, ...)에 대해서 수치 (극치; z_0, z_1, ...)가 대응하고 있다.

변분법의 경우, 극대와 극소는 아래의 적분형의 함수에 극치를 제공하는 함수 $y_1(x)$를 구하는 것이다.

$$\int_{x_0}^{x_1} F(x, y(x), y_1'(x))dx \tag{2.3}$$

즉 함수 $y_1(x)$에 대해서

$$\int_{x_0}^{x_1} F(x, y(x), y'(x))dx$$

가 대응하고 있다.

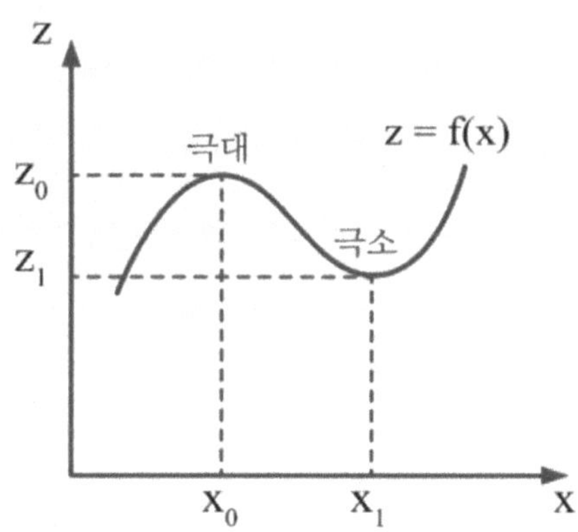

그림 2-1

여기서 함수는 주어진 수 x에 대해서 하나의 수치 z가 대응 할 때 z는 x의 함수라고 부르고, $z = f(x)$라 쓴다. 범함수는 하나의 주어진 함수 $y(x)$에 대해서 하나의 수치 v가 대응할 때, v는 함수 $y(x)$에 의존하는 범함수라 부르고, $v = v(y(x))$라 쓴다. 다음에 변분법을 미분법과 비교하여 변분법을 보다 쉽게 이해하도록 설명하였다.

미분	변화
1) 어느 영역 내에 각각의 x 값에 대해 z의 값이 대응한다. 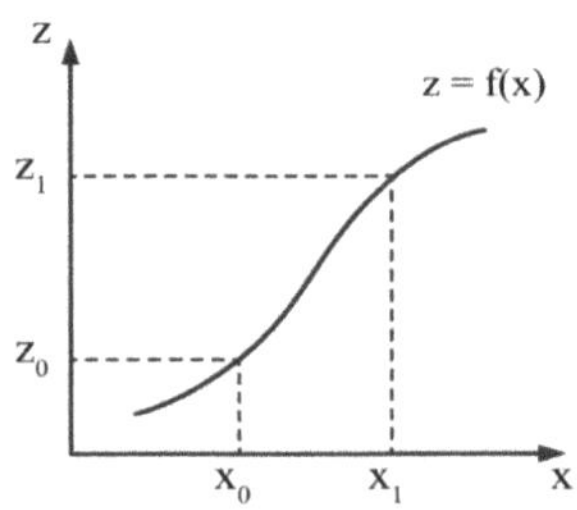 그림 2-2 영역 $x_0 \le x \le x_1$에 대해 z가 대응 증분 : $\Delta x = x_1 - x_0$ x가 독립변수이면, x의 미분은 그 증분과 일치한다. $\Delta x = dx$	1) 어느 함수군 가운데 각각의 함수 $y(x)$에 대해 v의 어느 값이 대응한다. 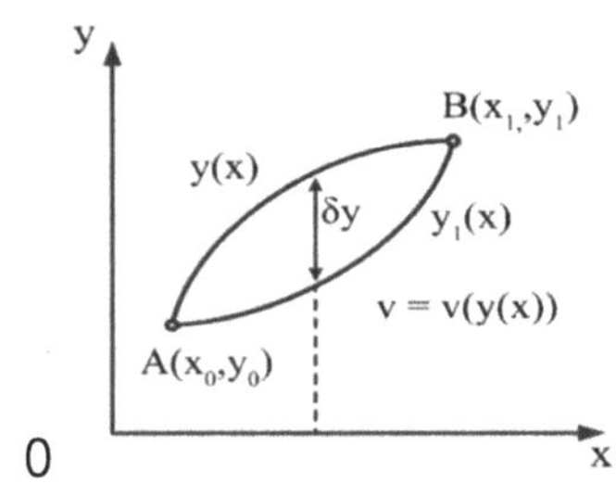 그림 2-4 범함수 $v(y(x))$의 변함수 $y(x)$의 증분 또는 변분 δy는 두 함수의 차이다. 즉, 변분 : $\delta y = y(x) - y_i(x)$ 〈보충 설명〉 어느 함수군이란 연속으로 2회 미분가능한 함수와 같은 조건을 만족하는 함수를 의미한다.
2) x의 변화가 작을 때 $f(x)$의 변화도 적다면, $f(x)$는 연속함수이다. 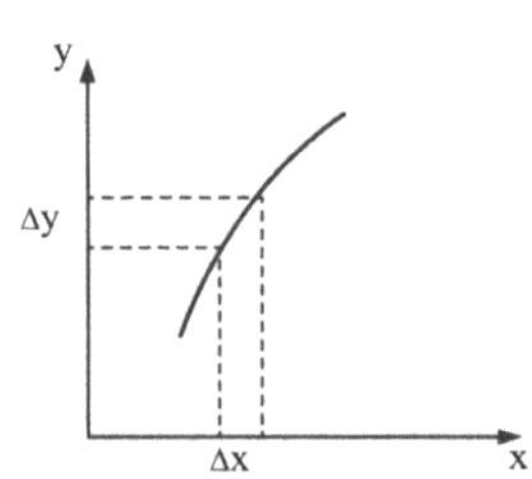 그림 2-3	2) $y(x)$의 작은 변분 δy가 항상 범함수 $v(y(x))$에 작은 변화를 일으키면, $v(y(x))$는 연속함수이다. (보충설명 2를 참조)

보충설명 2

범함수 $v(y(x))$의 변함수 $y(x)$의 변분 δy는 어떠한 경우에 작다고 할까? 또는 두 곡선 $y = y(x)$와 $y = y_1(x)$는 어떠한 경우에 서로 가깝다고 할까?

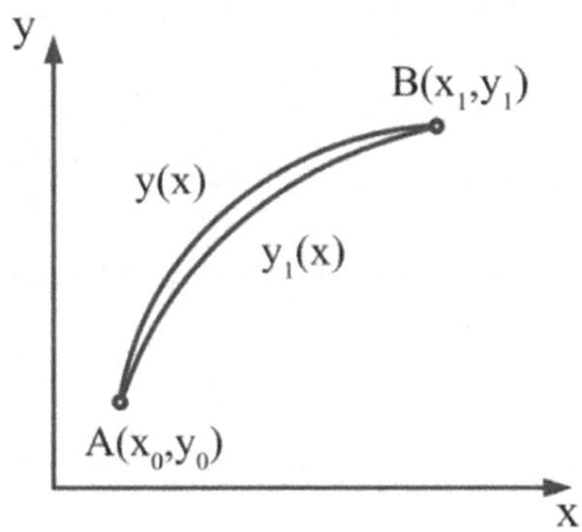

그림 2-5

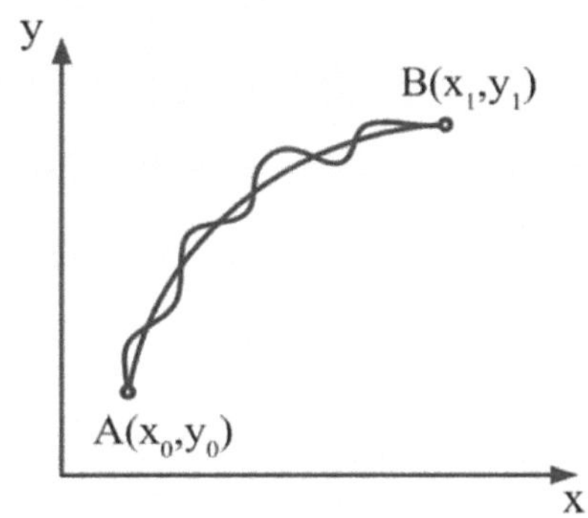

그림 2-6

두 함수 $y(x)$와 $y_1(x)$의 차 $y(x)-y_1(x)$의 절대치가 이들 함수가 정의되고 있는 x의 모든 값에 대해 작을 때, $y(x)$와 $y_1(x)$는 서로 근접한다고 한다. 그러나 많은 문제에서는 두 곡선이 횡좌표의 각 점마다 서로 근접하는 것만 아니라, 두 곡선상의 대응하는 점에서 접선이 서로 근접한 방향을 갖는 경우에 한해 두 곡선이 근접한다고 생각하는 것이 좋다. 즉 $|y(x)-y_1(x)|$ 뿐만 아니라 $|y'(x)-y_1'(x)|$도 작을 때에 한해 두 곡선은 근접한다고 한다.

$|y(x)-y_1(x)| \ll 1$; 0차 근접

$|y'(x)-y_1'(x)| \ll 1$; 1차 근접

$|y''(x)-y_1''(x)| \ll 1$; 2차 근접

$|y^k(x)-y_1^k(x)| \ll 1$; k차 근접

만일 k 차 도함수까지 고려하면, 모든 함수차의 절대치

$$|\,y(x)-y_1(x)\,|\,,\quad |\,y'(x)-y_1'(x)\,|\,,\ldots,\,|\,y^k(x)-y_1^k(x)\,|$$

이 임의로 적을 때만 $y(x)$와 $y_1(x)$는 근접한다. 그러므로 k차의 의미로서 근접하는 두 곡선은 k보다 적은 임의 차수의 의미에서도 근접한다. 0차의 의미로서 근접하는 경우는 곡선 $y(x)$의 비교곡선 $y_1(x)$로서 취해지는 곡선의 종류가 가장 많다. 즉 비교 대조의 범위가 가장 넓게 되며, 함수의 범위가 넓다.

<table>
<tr>
<td>3) 함수 f(x)가 $x = x_0$에서 연속이면, 임의 주어진 양의 수 ε에 대해

$|\,x-x_0\,| < \delta$ 일 때는 항상
$|\,f(x)-f(x_0)\,| < \varepsilon$가 성립하는 $\delta > 0$가 존재한다.
여기서 x 는 $f(x)$가 정의되는 x의 값이다.</td>
<td>3) 범함수 $v(y(x))$가 k차 근접의 의미로서 $y = y_0(x)$ 부근에서 연속이라는 것은 임의 주어진 양의 수 ε에 대해

$$|\,y(x)-y_0(x)\,| < \delta$$
$$|\,y'(x)-y_0'(x)\,| < \delta$$
....
$$|\,y^k(x)-y^k(x)\,| < \delta$$

일 때는 항상

$$|\,v(y(x))-v(y_0(x))\,| < \varepsilon$$

가 성립하는 $\delta > 0$가 존재한다. 물론 함수 $y(x)$는 $v(y(x))$가 정의된 함수군 (예로 $v(y(x))$가 ∞가 되거나 하지 않는 함수) 가운데서 취한다.</td>
</tr>
<tr>
<td>4) 함수 $l(x)$가 선형(1차)함수이면, 다음의 두 조걸을 만족해야 한다. (중첩의 원리)

$l(cx) = cl(x)$
$l(x_1+x_2) = l(x_1)+l(x_2)$

여기서 c : 임의 양의 수</td>
<td>4) 범함수 $L(y(x))$가 선형 범함수이면, 다음 두 조건을 만족해야 한다.

$L(c(y(x))) = cL(y(x))$
$L(y_1(x)+y_2(x)) = L(y_1(x))+L(y_2(x))$

예) $L(y(x)) = \int_{x_0}^{x_1}(p(x)y + q(x)y')dx$

여기서 c : 임의 양의 수</td>
</tr>
</table>

5) 함수 $f(x)$의 증분

$\Delta f = f(x+\Delta x) - f(x)$ 가
$\Delta f = A(x)\Delta x + \beta(x, \Delta x)$는 Δx의 형이고,
$\Delta x \to 0$ 일 때, $A(x)$는 Δx에 의존하지 않고 $\beta(x, \Delta x) \to 0$이면, $f(x)$는 미분가능(differentiable)이라 한다. (보충 설명 3)

$$df = A(x)\Delta x = f'(x)\Delta x = f'(x)dx$$
$$\frac{df}{dx} = \lim_{\Delta x \to 0} \frac{\Delta f}{\Delta x} = A(x)$$

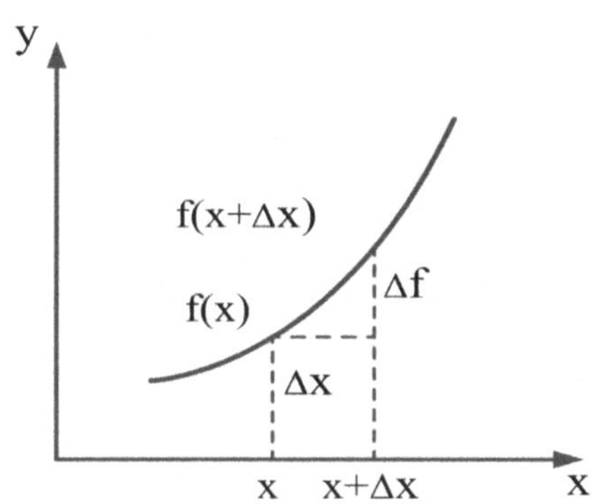

그림 2-7

5) 범함수의 $v(y(x))$의 증분

$\Delta v = u(y(x) + \delta y) - v(y(x))$가
$\Delta v = L(y(x), \delta y) + \beta(y(x), \delta y)\max|\delta|$의 형이고, $\max|\delta| \to 0$ 일 때,
$\beta(y(x), \delta y) \to 0$이면 δy에 관해 선형부분 $L(y(x), \delta x)$를 범함수의 변분이라 하고 δv로 쓴다. (보충설명 4)

$$\delta v = L(y(x), \delta y)$$

따라서 범함수의 변분은 그 증분 Δv가운데서 δy에 관해 선형인 주요부이다.
여기서 $\max|\delta y|$는 δy의 최대치를 의미한다.

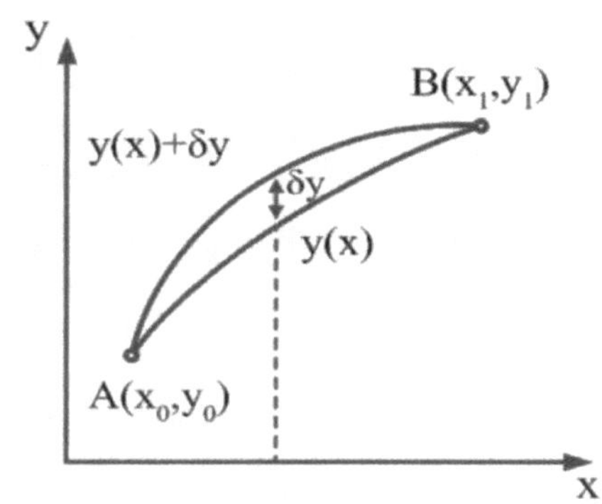

그림 2-8

보충설명 3 함수 $y(x)$의 미분 df의 정의

1 변수의 경우, x와 Δx를 고정, α를 변수로 하면

$$f(x+\alpha\Delta x) = \begin{cases} f(x) & : \alpha = 0 \\ f(x+\Delta x) & : \alpha = 1 \end{cases} \tag{1}$$

$\alpha = 0$에서 $f(x+\alpha\Delta x)$의 α에 관한 도함수가 $f(x)$의 x에 대한 미분과 같다.

$$\frac{\partial}{\partial x} f(x+\alpha\Delta x) = f(x+\alpha\Delta x)\Delta x \tag{2}$$

참고로 합성 함수의 미분법칙은

$$u = f(x,y),\ \frac{\partial u}{\partial r} = \frac{\partial f}{\partial x}\frac{\partial x}{\partial r} + \frac{\partial f}{\partial y}\frac{\partial y}{\partial r}$$

와 같다.

그러므로

$$\frac{\partial}{\partial \alpha} f(x+\alpha\Delta x)\mid_{a=0} = f'(x)\Delta x = df(x) \tag{3}$$

따라서 함수 $f(x)$의 미분 $df(x)$는 다음과 같이 정의된다.

$$df(x) = \frac{\partial}{\partial \alpha} f(x+\alpha\Delta x)\mid_{\alpha=n} \tag{4}$$

n 변수의 경우

$$f(x_1+\alpha x_1, x_2+\alpha x_2, \dots, x_n+\alpha x_n)$$
$$=\begin{cases} f(x) & : \alpha = 0 \\ f(x_1+\Delta x_{1,}\ x_2+\Delta x_2, \dots, x_n+\Delta x_n & : \alpha = 1 \end{cases} \tag{5}$$

이고 α에 대한 도함수는

$$\frac{\partial}{\partial\alpha} f(x_1+\alpha\Delta x_1, x_2+\alpha\Delta x_2, \dots, x_n+\alpha\Delta x_n)$$
$$=\frac{\partial f}{\partial(x_1+\alpha\Delta x_1)}\Delta x_1+\frac{\partial f}{\partial(x_2+\alpha\Delta x_2)}\Delta x_2+\dots+\frac{\partial f}{\partial(x_n+\alpha\Delta x_n)}\Delta x_n \tag{6}$$

따라서

$$\frac{\partial}{\partial\alpha} f(x_1+\alpha\Delta x_1, x_2+\alpha\Delta x_2, \dots, x_n+\alpha\Delta x_n) \mid_{a=n}$$
$$=\sum_{i=1}^{n}\frac{\partial f}{\partial x_i}\Delta x_i=\sum_{i=1}^{n}\frac{\partial f}{\partial x_i}dx_i = df \tag{7}$$

보충설명 4

범함수 $v(y(x))$의 변분 δy에 관해 선형주요부이므로

$$\Delta v = v(y(x)+\alpha\delta y) - v(y(x))$$
$$= L(y, \alpha\delta y) + \beta(y, \alpha\delta y)\max \mid \alpha\delta y \mid \tag{1}$$
$$= L(y, \alpha\delta y) + \beta(y, \alpha\delta y) \mid \alpha \mid \ \max \mid \delta y \mid$$

여기서 α는 x의 함수가 아니므로 $\max|\alpha\delta y|$는 $|\alpha|\max|\delta y|$로 된다.

$$\frac{\partial v(y(x+\alpha\delta y))}{\partial\alpha} = \lim_{\Delta\alpha\to 0}\frac{\Delta v}{\Delta\alpha} = \lim_{\Delta\alpha\to 0}\frac{\Delta v}{\alpha}$$
$$= \lim_{\alpha\to 0}\frac{L(y,\alpha\delta y)+\beta(y(x),\alpha\delta y)|\alpha|\max|\delta y|}{\alpha} \tag{2}$$

$$\frac{\partial v(y(x)+\alpha\delta y)}{\partial\alpha}\Big|_{\alpha=n} = \lim_{\alpha\to 0}\frac{L(y,\alpha\delta y)}{\alpha} + \lim_{\alpha\to 0}\frac{\beta(y(x),\alpha\delta y)|\alpha|\max|\delta y|}{\alpha}$$
$$= L(y(x),\delta y) = \delta v \tag{3}$$

왜냐하면 위 식의 제 1항은 선형이므로 $L(y,\alpha\delta y) = \alpha L(y,\delta y)$로 되고 제 2항은

$$\lim_{\alpha\to 0}\beta(y,\alpha\delta y)\sin\alpha\max|\delta y| = 0 \tag{4}$$

로 된다. 이는 $\alpha\to 0$일 때,

$$\beta(y,\alpha\delta y)\to 0,\ \frac{|\alpha|}{\alpha} = \pm 1 = sign\,\alpha$$

로 되기 때문이다.

6) 함수 $f(x)$의 미분 df는 다음과 같이 정의된다. (보충설명 3 참조) $$df = \frac{\partial}{\partial \alpha} f(x + \alpha \Delta x) \mid_{\alpha = n}$$	6) 범함수 $v(y(x))$의 변분 δv는 다음과 같이 정의된다. (보충설명 4 참조) $$\delta v = \frac{\partial}{\partial \alpha} v(y(x) + \alpha \delta y) \mid_{\alpha = n}$$ 이는 $y(x)$ δy를 함수로서 고정하고 미분하는 것을 의미한다. 여기서 α는 $\alpha = 0$ 부근에서 양 또는 음의 임의값을 취할수 있다. 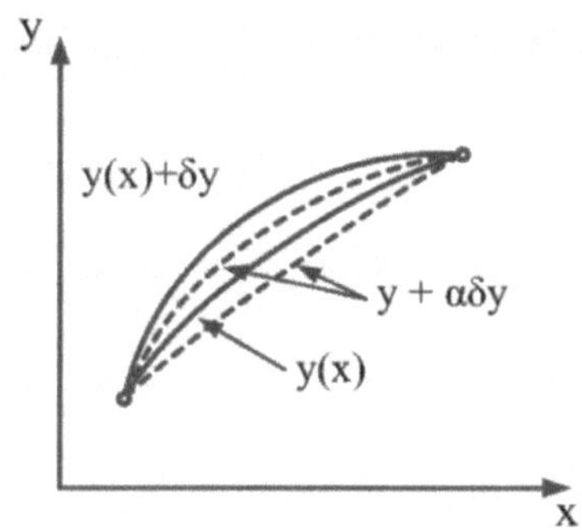 그림 2-9
7) 미분가능한 함수 $f(x)$ $x = x_0$에서 극대치 또는 극소치를 취하면, 그점에서 $$\frac{\partial f}{\partial x} \mid_{x = x_0} = 0$$ 즉, $df = 0$가 성립한다.	7) 범함수 $v(y(x))$의 변분 δv가 존재하고, $v(y(x))$가 $y = y_0(x)$에서 $\delta v = 0$가 성립한다. 〈증명〉 $y_0(x)$와 δy를 고정하면 $v(y_0(x) + \alpha \delta y) = \phi(\alpha)$는 α만의 함수이고, $\alpha = 0$에서 극대 또는 극소를 가지므로 $$\frac{\partial \phi(\alpha)}{\partial \alpha} \mid_{\alpha = n} = 0$$ 이다. 즉, 필요조건으로서 $\phi'(0) = 0$이 얻어진다.

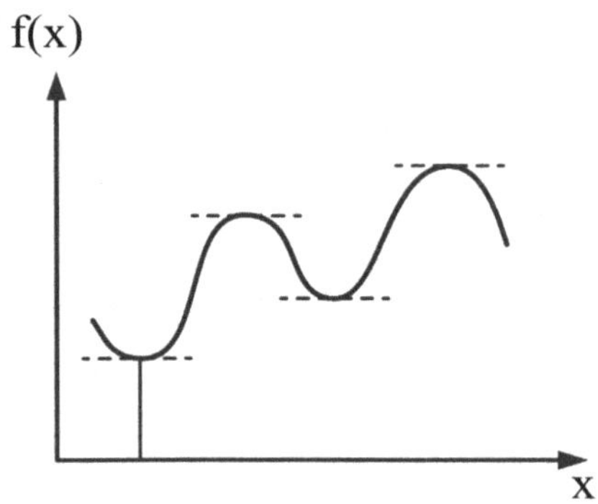

그림 2-10

또는

$$\frac{\partial}{\partial \alpha} v(y_0(x) + \alpha \delta y) \mid_{\alpha = n} = 0$$

이므로, $y = y_0(x)$에서 $\delta v = 0$이다. 따라서 범함수의 변분은 그 범함수에 극치를 갖는 곡선에 있어서 0으로 된다.

Chapter 3

경계가 고정된 변분문제

이는 양 끝점 (x_0, y_0)와 (x_1, y_1)이 고정된 곡선(그림3.1)을 고려하는 경우와, 또 주위의 폐곡선이 고정된 곡면(그림 3.2)을 고려하는 문제에 대한 변분법을 다루는 것이다.

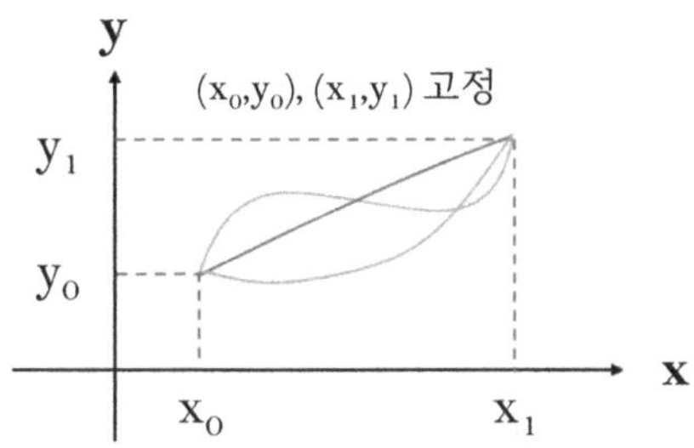

그림 3.1

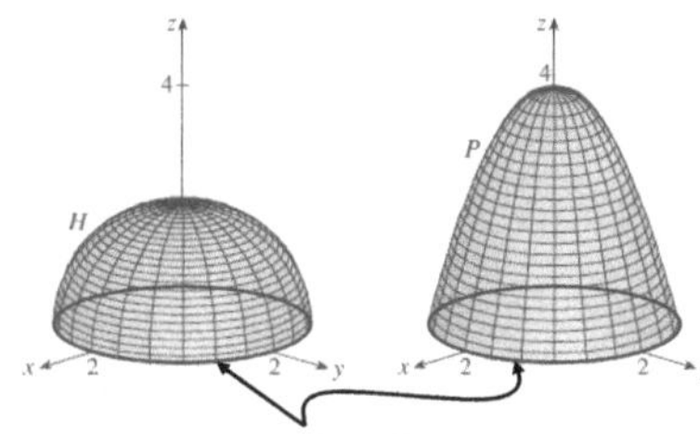

그림 3.2

3.1 Euler 방정식

가장 간단한 형태의 범함수

$$v(y(x)) = \int_{x_0}^{x_1} F(x, y(x), \acute{y}(x))\, dx \tag{3.1}$$

의 극치를 조사하자. 범함수 v의 변함수로서 허용되는 곡선 y(x)의 끝점

$$\text{A} : y(x_0) = y_0 \ , \ B : y(x_1) = y_1$$

은 고정이다. $F(x, y, \acute{y})$의 3계 도함수가 존재한다고 가정한다. 즉 2회 연속 미분이 가능하다고 하면

$$\frac{\delta^2 F}{\delta x \delta y}, \frac{\delta^2 F}{\delta x \delta \acute{y}}, \frac{\delta^2 F}{\delta \acute{y}^2}$$

와 같은 도함수가 존재하고, 이들이 연속이다.

범함수의 극치에 대한 필요조건 (기본정리) $\delta v = 0$ 를 적용한다.

① 극치곡선 $y = y(x)$는 2계 도함수를 갖는다고 하면, $\dfrac{d^2y}{dx^2}$이 존재한다.

② 그림 3.3과 같이 극치곡선 y = y(x)에 인접하는 허용된 곡선의 어느 하나를 $y = y^{''}(x)$로 한다.(비교곡선)
곡선군은

$$y(x,a) = y(x) + a(y^{''}(x) - y(x)) = y(x) + a\delta y$$

$$y(x,a) = \begin{cases} y(x) & : a = 0 \\ y^*(x) & : a = 1 \end{cases} \tag{3.2}$$

로 표현되고, 변함수 y(x)의 변분은 다음과 같이 정의된다.

$$\delta y = y^{*}(x) - y(x) \tag{3.3}$$

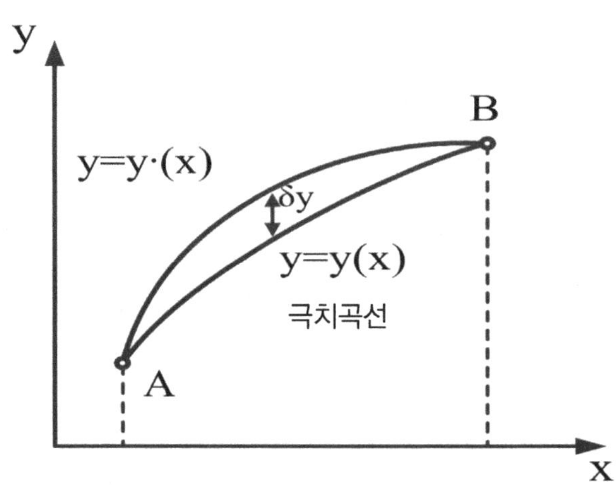

그림 3-3

③ 변분 δy의 미분법칙

δy는 x의 함수이므로 미분이 가능하다. 즉,

$$\frac{d}{dx}(\delta y) = \frac{dy^{''}(x)}{dx} - \frac{dy(x)}{dx} = y^{*'}(x) - y^{'}(x) = \delta(\frac{dy}{dx})$$

그리고 δ 와 $\frac{d}{dx}$의 연산은 교환 가능하다. (변분의 도함수 = 도함수의 변분)

동일하게 고계 도함수의 경우도 다음과 같이 표현된다.

$$(\delta y)^{''} = y^{*''}(x) - y^{''}(x) = \delta y^{''}$$
$$(\delta y)^{k} = y^{*k}(x) - y^{k}(x) = \delta y^{k}$$

곡선군 $y = y(x) + a\delta y = y(x,a) = \begin{cases} y(x) & : a = 0(\text{극치곡선}) \\ y^{'}(x) + \delta y = y^{*}(x) : & a = 1(\text{비교곡선}) \end{cases}$

곡선군 $y = y(x,a)$에서 다음의 범함수

$$v(y(x)) = \int_{x_0}^{x_1} F(x, y, y^{'})dx$$

가 취할 값 만을 고려한다면, v(y(x, a))의 값은 파라메터 a의 선정만으로 정해지므로 다음과 같이 표현된다.

$$v(y(x,a)) = \phi(a) \tag{3.4}$$

a = 0에서 $v(y(x,a))$는 극치를 취하므로 필요조건은 $\frac{d\phi(a)}{da}|_{a=0} = 0$이다.

즉 $\phi^{'}(0) = 0$이 되고, $\phi(a)$는

$$\phi(a) = v(y(x,a)) = \int_{x_0}^{x_1} F(x, y(x,a), y_x^{'}(x,a))dx \tag{3.5}$$

로 표현된다. 여기서 $y_x^{'}(x,a)=\frac{\partial}{\partial x}y(x,a)$이다. 따라서 이를 a에 대해 미분하면,

$$\begin{aligned}\phi^{'}(a) &= \frac{d\phi(a)}{da} = \frac{d}{da}\int_{x_0}^{x_1}F(x,y(x,a),y_x^{'}(x,a))dx \\ &= \int_{x_0}^{x_1}\frac{d}{da}F(x,y(x,a),y_x^{'}(x,a))dx\,da \\ &= \int_{x_0}^{x_1}[F_y\frac{d}{da}y(x,a)+F_{y^{'}}\frac{d}{da}y^{'}(x,a)]dx\end{aligned} \tag{3.6}$$

가 얻어진다. 여기서 $y_x^{'}\rightarrow y^{'}$로 간단히 표시하면

$$\begin{aligned}F_y &= \frac{\partial}{\partial y}F(x,y(x,a),y^{'}(x,a)) \\ F_{y^{'}} &= \frac{\partial}{\partial y^{'}}F(x,y(x,a),y^{'}(x,a)) \\ \frac{\partial}{\partial a}y(x,a) &= \frac{\partial}{\partial a}(y(x)+a\delta y)=\delta y \\ \frac{\partial}{\partial a}y^{'}(x,a) &= \frac{\partial}{\partial a}(y^{'}(x)+a\delta y^{'})=\delta y^{'}\end{aligned}$$

의 관계가 있으므로, 이를 식(3.6)에 대입하면, $\phi^{'}(a)$는 아래와 같이 얻어진다.

$$\phi^{'}(a)=\int_{x_0}^{x_1}[F_y(x,y(x,a),y^{'}(x,a))\delta y+F_{y^{'}}(x,y(x,a),y^{'}(x,a))\delta y^{'}]dx \tag{3.7}$$

그러므로 a = 0 의 경우는 다음과 같이 된다.

$$\phi^{'}(0)=\int_{x_0}^{x_1}[F_y(x,y(x),y^{'}(x))\delta y+F_{y^{'}}(x,y(x),y^{'}(x))\delta y^{'}]dx \tag{3.8}$$

a = 0 으로 하였으므로, 함수 y(x)는 극치곡선이다. 범함수 $v(y(x))$의 변분은 $\delta v=\phi^{'}(0)$이고, 또 극치를 취할 때는 $\delta v=0$이므로, 범함수

$$v(y(x)) = \int_{x_0}^{x_1} F(x, y, y^{'})dx$$

가 극치를 갖는다. 단 조건은

$$\delta v = \int_{x_0}^{x_1} (F_y \delta y + F_{y^{'}} \delta y^{'})\, dx = 0 \tag{3.9}$$

이다. 이 조건을 부분적분하면

$$\begin{aligned} \delta v &= \int_{x_0}^{x_1} (F_y \delta y + F_{y^{'}} \delta y^{'}) dx = 0 \\ &= [F_{y^{'}} \delta y]_{x_0}^{x_1} + \int_{x_0}^{x_1} (F_y - \frac{d}{dx} F_{y^{'}})\, \delta y dx \end{aligned} \tag{3.10}$$

여기서 양 끝점의 경우

$$\begin{aligned} \delta y|_{x = x_0} &= y^{*}(x_0) - y(x_0) = 0 \\ \delta y|_{x = x_1} &= y^{*}(x_1) - y(x_1) = 0 \end{aligned} \tag{3.11}$$

그러므로 극치에 대한 필요조건은 다음과 같이 표현된다.

$$\int_{x_0}^{x_1} (F_y - \frac{d}{dx} F_{y^{'}}) \delta y dx = 0 \tag{3.12}$$

보충설명 **극치 필요조건의 고찰**

$$(F_y - \frac{d}{dx}F_{y'}) = \frac{\partial F}{\partial y} - \frac{\partial^2 F}{\partial y} - \frac{\partial^2 F}{\partial x \partial y'} - \frac{\partial^2 F}{\partial y \partial y'}\frac{dy}{dx} - \frac{\partial^2 F}{\partial y'^2}\frac{d^2 y}{dx^2}$$

이고, 또 F는 2계도함수를 가지고 연속이므로, $(F_y - \frac{d}{dx}F_{y'} = 0)$는 염속함수이다.

δy는 어느 일반조건만에 따르는 임의 함수이다. 여기서 일반조건이란

① 끝점 $x = x_{0,} x = x_1$에서 $\delta y = 0$이 된다.

② δy는 연속함수로서 1계 또는 고계의 도함수를 갖을 것

③ $|\delta y|$가 적을 것, 또는 $|\delta y|$와 $|\delta y'|$가 모두 적을 것

보충설명에서 나타내듯이 δy는 임의 함수이므로, 상기조건을 만족하는 극치곡선 $y = y(x)$는 2계 미분방정식

$$F_y - \frac{d}{dx}F_{y'} = 0 \tag{3.13}$$

의 하나의 해이다. 식(3.13)을 Euler의 방정식이라 한다. 식 (3.13)의 미분을 실행하면,

$$\begin{aligned} &F_y(x, y, y') - \frac{d}{dx}F_{y'}(x,y,y') \\ &= F_y - \frac{\partial}{\partial x}F_{y'}(x,y,y') - \frac{\partial}{\partial y}F_{y'}(x,y,y')\frac{dy}{dx} - \frac{\partial}{\partial y'}F_{y'}\frac{dy'}{dx} = 0 \end{aligned}$$

이를 간단히 쓰면 아래의 식(3.14)와 같다.

$$F_y - F_{xy'} - F_{yy'}y' - F_{y'y'}y'' = 0 \tag{3.14}$$

[예제 3.1] 범함수

$$v(y(x)) = \int_0^{\frac{\pi}{2}} ((y')^2 - y^2)dx$$

가 경계조건 y(0) 0, $y(\pi/2) = 1$에서 극치를 갖은 것은 어떠한 곡선인가?

[해] Euler 방정식은

$$F_y - F_{xy'} - F_{yy'}y' - F_{y'y'}y'' = 0 \tag{1}$$

이고, 여기서 $F(x, y, y') = (y')^2 - y^2$ 이므로, 식(1)의 각 항들에 대해 계산하면

$$\begin{aligned}
F_y &= \frac{\partial}{\partial y}((y')^2 - y^2) = -2y \\
F_{xy'} &= \frac{\partial}{\partial x}(\frac{\partial F}{\partial y'}) = \frac{\partial}{\partial x}(2y') = 0 \\
F_{yy'}y' &= \frac{\partial}{\partial y}(\frac{\partial F}{\partial y'}) = \frac{\partial}{\partial y}(2y')\frac{\partial y}{\partial x} = 0 \\
F_{y'y'}y'' &= \frac{\partial}{\partial y'}(\frac{\partial F}{\partial y'})\frac{\partial y'}{\partial x} = \frac{\partial}{\partial y'}(2y')\frac{\partial y'}{\partial x} = 2y''
\end{aligned}$$

이 되므로, Euler 방정식은

$$-2y - 2y'' = 0 \text{ 또는 } y'' + y = 0 \tag{2}$$

로 되고, 이 식의 일반해는

$$y = C_1\cos x + C_2\sin x \tag{3}$$

로 된다. 양단의 경계조건을 대입하여, 계수 C_1 과 C_2를 구하면

$$\begin{aligned}
x = 0, y(0) = v \rightarrow C_1 = 0 \\
x = \pi/2, \ y(\pi/2) = 1
\end{aligned}$$

이 되고, 계산된 C_1 과 C_2를 식(3)에 대입하면, 극치를 제공하는 곡선은 sine 곡선이다.

$$y(x) = \sin x \tag{4}$$

Louis Lagrange(1736-1813)

11인의 형제중 막내로 이탈리아의 토리노에서 출생하였고, 만 16세인 1753년 토리노의 육군학교의 교관이 되었다. 그후 1766년 Euler 와 D'Alembert의 도움으로 베를린으로 이주하여 Euler의 후계자로서 베르린 아카데미의 수학 및 물리학 주임이 되고 20년간 그곳에서 생활하였다.

1787년 루이 16세에 초청되어 Ecole Normale교수로 파리에 이주 후, 왕의 일족이 나 아카데미로 부터 최대의 존경을 받으며 루불 궁전에서 연구중, 1789년 대혁명이 피하여 연구에만 몰두하였다. 따라서 에콜 종합연구소(Ecole Polytechnic)의 수학교 혁명의 성공을 기대하고 있었다고 전해지지만 공포정치에 동조하지 않고, 사람을 일어났다. 그는 왕족의 보호를 받고 있었으나, 프랑스 국민의 고통을 잘 이해하고 수나 도량형 개정 위원장에 임명되었으며, 그 재능과 인품은 혁명후 프랑스인에 존 경을 받았다. 나폴레옹도 겸허하고 독단적이지 않는 이 노연구자에 경의를 표했다 고 알려지고 있다.

그의 저서 <해석역학>은 1788년에 출반되었으며 제 1부의 정역학은 가상속도의 원리(가상일의 원리를 말하며, 이는 또 가상변위의 원리로도 불리운다)를 기본 원 원근의 저서 <해석역학>은 1788년에 출판되었으며 제 1부의 정역학은 가상속도의 에 귀착 되기 때문이다. 제 2부의 동역학은 D'Alembert의 원리로서 동역학을 정역 고 있으나, 이는 지레나 활차의 원리, 힘의 합성법칙 등이 모두 이 원리 학의 문제로 변환 시키는 것 부터 시작하고 있다. 그리고 미정계수법이라는 편리한 방법을 제안하였고, 적당한 독립변수를 사용하므로서 계산을 크게 단순화시킬 수 있음을 보이고 일반화 좌표를 도입하였다.

3.2 Euler 방정식의 적분 가능한 예

3.2.1 함수 F가 y'를 포함하지 않는 경우

식(3.13)에서 $F_{y'} = 0$ 이므로, Euler 방정식의 좌변 제 2항은

$$\frac{d}{dx} F_{y'} = 0 \tag{3.15}$$

으로 되며, 따라서

$$F_y(x,y) = 0 \tag{3.16}$$

로 간단히 표현된다.

이 식의 해는 임의 정수를 포함하지 않으므로, 일반적으로 경계조건 $y(x_0) = y_0,$ $y(x_1) = y_1$을 만족하지 않는다. 따라서 이러한 변분 문제는 일반적으로 해를 갖지 않는다. 단 곡선 $F_y(x,y) = 0$ 가 끝점 $(x_{0,}\, y_0)$와 $(x_{1,}\, y_1)$을 통과하는 예외적인 경우에만, 그것이 극치곡선으로 된다.

[예제 3.2] 범함수 $v(y(x)) = \int_{x_0}^{x_1} y^2 dx$ 가 경계조건 $y(x_0) = y_0, y(x_1) = y_1$ 일 때, 극치곡선을 구하시오.

[해] $F = y^2$ 이므로 $F_y = 2y$가 되고, 따라서 Euler 방정식은 $y = 0$ 이다.
$y_0 = y_1 = 0$의 경우에만 극치곡선은 끝점을 통과한다.

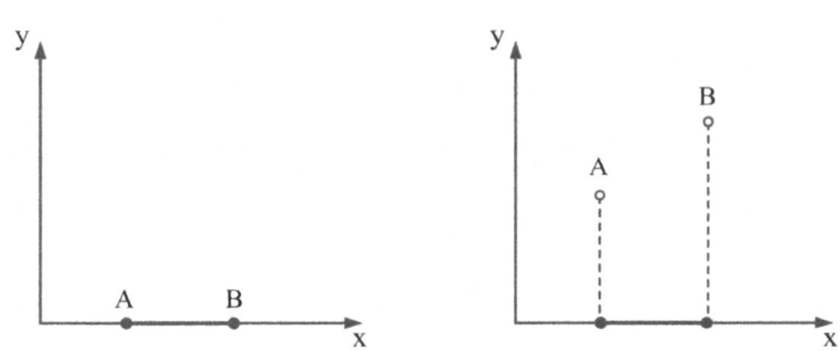

그림 3-4

3.2.2 함수 F가 y'에 대해 1차인 경우

$$F(x,y,y') = M(x,y) + N(x,y)y' \tag{3.17}$$

범함수

$$v(y(x)) = \int_{x_0}^{x_1} (M(x,y) + N(x,y)y')dx \tag{3.18}$$

여기서 $F_y = \frac{\partial M}{\partial y} + \frac{\partial N}{\partial y}y'$, $F_{y'} = N(x,y)$, $\frac{d}{dx}F_{y'} = \frac{\partial N}{\partial x} + \frac{\partial N}{\partial y}\frac{dy}{dx}$ 이므로, Euler 방정식은

$$\frac{\partial M}{\partial y} + \frac{\partial N}{\partial y}y' - \frac{\partial N}{\partial x} - \frac{\partial N}{\partial y}y' = 0$$

또는

$$\frac{\partial M}{\partial y} - \frac{\partial N}{\partial x} = 0 \tag{3.19}$$

가 되고, 이는 항등식으로 미분방정식이 아니다.

보충설명

$\frac{\partial M}{\partial y} - \frac{\partial N}{\partial x} = 0$는 f(x,y) = 0 의 형으로, 하나의 곡선으로 곡선군이 아니다. 따라서 일반적으로 경계조건을 만족하지 않으므로, 이러한 변분문제는 일반적으로 연속함수의 범위에서는 해를 갖지 않는다.

$$\begin{aligned} v &= \int_{x_0}^{x_1} (M + N\frac{dy}{dx})dx = \int_{x_0}^{x_1} (Mdx + Ndy) = \int_A^B df \\ &= f(x_1, y_1) - f(x_0, y_0) = \text{일정} \end{aligned}$$

으로 적분경로에는 무관하므로, $v(y(x))$는 허용되는 모든 곡선에서 일정치를 갖고, 변분 문제로서는 흥미가 없다.

[예제 3.3] 범함수 $v(y(x)) = \int_0^1 (y^2 + x^2 y')dx$, 경계조건 $y(0) = 0$, $y(1) = a$ 일 때, 극치곡선을 구하시오.

[해] $M = y^2$, $N = x^2$이므로, Euler 방정식은 2y - 2x = 0, 즉 y - x = 0이다.
$a = 1$일 ㄸ만 경계조건 만족
$a \neq$ 1 일 때는 경계조건을 만족하는 극치곡선은 존재하지 않는다.

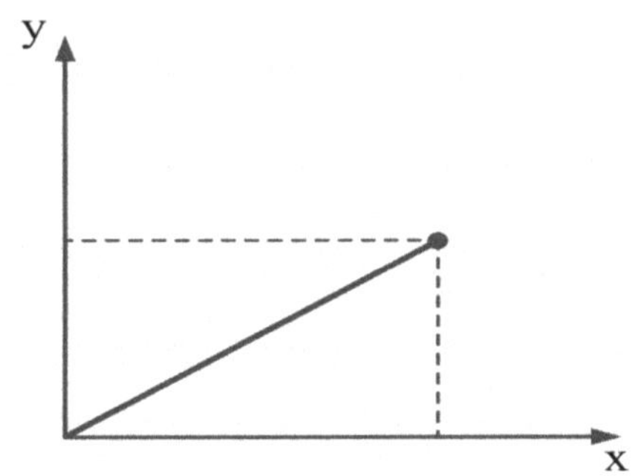

그림 3-5

3.2.3 함수 F가 y'만을 포함하는 경우

$F_y = 0$이고, Euler 방정식은 $F_{xy'} = 0$ 또는 $y'' = 0$ 이다.

① $y'' = 0$ 일 때, $y = C_1 x_1 + C_2$; 직선군

② $F_{y'y'}(y') = 0$일 때, $y = C_1 x + C_2$; 직선군

그러므로 이 경우의 극치곡선은 $y = C_1 x_1 + C_2$ 이다.

3.2.4 함수 F가 x와 y'만을 포함하는 경우

$F=F(x,y')$이므로, $F_y=0$이다. 따라서 Euler방정식은

$$\frac{d}{dx}F_{y'}(x,y')=0 \tag{3.20}$$

로 되고, 이 식을 적분하면 $F_{y'}(x,y')=C_1$이 된다. y'에 대해 풀 때는 $\frac{dy}{dx}=f(x,C_1)$ 형으로 되어

$$y=\int f(x,C_1)\,dx+C_2 \tag{3.21}$$

이는 적당한 파라메터를 도입해서 풀면 된다.

[예제 3.4] 한 입자가 점 A에서 B까지 곡선 y = y(x)를 속도 $v=x$, 즉 속도가 횡좌표의 값으로 움직일 때, 요하는 시간 t는

$$v=\frac{ds}{dt},\ v=x,\ dt=\frac{ds}{x}=\frac{\sqrt{(dx)^2+(dy)^2}}{x}=\frac{\sqrt{1+(y')^2}}{x}dx$$

범함수 t(y(x)) = $\int_{x_0}^{x_1}\frac{\sqrt{1+(y')^2}}{x}dx$ 의 극치곡선을 구하시오.

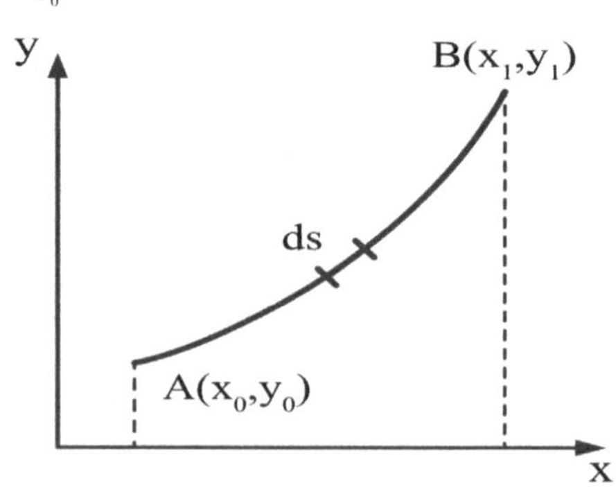

그림 3-6

[해] $F = \frac{\sqrt{1+(y')^2}}{x}$ 가 $F(x, y')$의 형태이므로, $F_{y'} = C_1$은

$$\frac{\partial}{\partial y'}\frac{\sqrt{1+(y')^2}}{x} = C_1$$

이 식을 풀기 위해 $y' = \tan t$로 놓으면

$$x = \frac{y'}{C_1\sqrt{1+(y')^2}} = \frac{1}{C_1} sin t \tag{1}$$

$$dx = \frac{1}{C_1}\cos t\, dt,\, y' = \frac{dy}{dx} = \tan t \text{ 이므로}$$

$$dy = \tan t dx = \tan t \frac{\cos t}{C_1} dt = \frac{1}{C_1}\sin t\, dt \tag{2}$$

그러므로

$$y = -\frac{1}{C_1}\cos t + C_2$$

식 (1), (2)에서 t를 소거하면, 최종해가 다음식과 같이 얻어진다.

$$x^2 + (y - C_2)^2 = (\frac{1}{C_1})^2 \tag{3}$$

즉 극치곡선은 그림 3.7과 같이 원호의 경로를 갖는다.

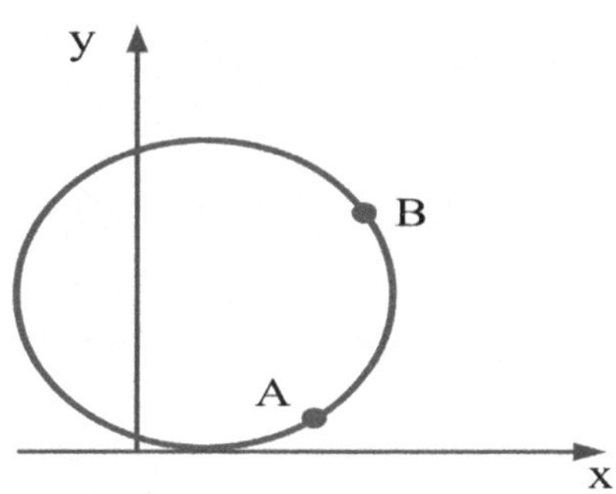

그림 3-7

3.2.5 함수 F가 y와 y'만을 포함하는 경우

$F = F(y, y'), F_{xy'} = 0$ 이므로, Euler 방정식은

$$F_y - F_y y' - F_{y'y'} y'' = 0 \tag{3.22}$$

이 되고, 이 식에 y'를 곱하면, 다음 식이 된다.

$$\frac{d}{dx}(F - y' F_{y'}) = 0$$

따라서 Euler 방정식의 제 1 적분은

$$F - y' F_{y'} = C_1 \tag{3.23}$$

이고, 이 1계 미분방정식은 y'에 대해 풀고 변수분리하던가, 파라메터를 도입하여 푼다.

[예제 3.5] 최소회전면적의 문제

주어진 끝점을 갖는 곡선을 x축을 중심으로 회전할 때, 최소의 표면적이 되는 곡을 결정하시오.

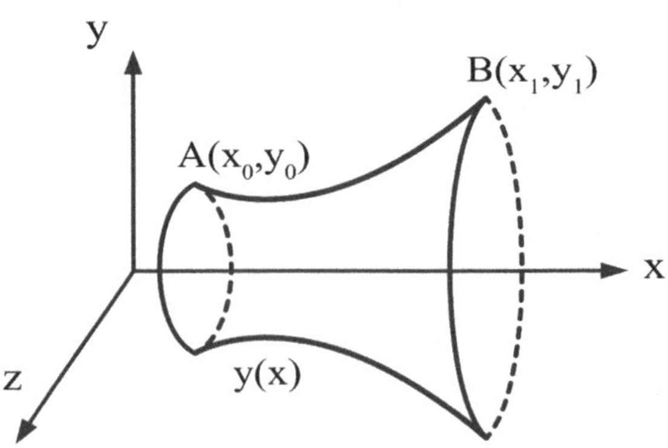

그림 3-8

[해] 범함수는

$$S(y(x)) = \int_{x_0}^{x_1} 2\pi y\, ds = 2\pi \int_{x_0}^{x_1} y\sqrt{1 + y'^2}\, dx \qquad (1)$$

로 되고

$$F = y\sqrt{1 + y'^2} \qquad (2)$$

식(2)는 F(y,y')의 형태이므로, Euler 방정식의 제 1적분은 $F - y'F_{y'} = C_1$ 이고, 식(2)를 대입하면

$$y\sqrt{1 + y'^2} - \frac{yy'^2}{\sqrt{1 + y'^2}} = C_1 \qquad (3)$$

이 얻어진다.
파라메터로 y' = sinht를 이용하면

$$y\sqrt{1 + \sinh^2 t} - \frac{ysinh^2 t}{\sqrt{1 + \sinh^2 t}} = C_1$$

$\cosh^2 t - \sinh^2 t = 1$이므로, 이를 위 식에 대입하면

$$ycosh\, t - \frac{ysinh^2 t}{\cosh t} = C_1$$

따라서

$$y\frac{\cosh^2 t - \sinh^2 t}{\cosh t} = \frac{y}{\cosh t} = C_1$$

그러므로

$$y = C_1 \cosh t \qquad (4)$$

가 된다.

$$dx = \frac{dx}{dy}dy = \frac{C_1 \sinh t\, dt}{\sinh t} = C_1\, dt$$

따라서 위 식을 적분하면

$$x = C_1 t + C_2 \tag{5}$$

로 되고, 식(4)와 (5)에서 t를 소거하면

$$y = C_1 \cosh \frac{x - C_2}{C_1} \tag{6}$$

이를 현수선군이라 하고, 이에 의해 생기는 단면을 Catenoid라 한다.

3.3 다변수 함수를 갖는 범함수의 변분

함수 y(x)가 하나 이상 n개인 경우, 범함수

$$v(y_1, y_2, \cdots, y_n) = \int_{x_0}^{x_1} F(x, y_1, y_2, \cdots, y_n, y'_1, y_2', \cdots\cdots, y_n')\, dx \tag{3.24}$$

가 극치를 갖는 함수 $y_1, y_2, \cdots, y_n$ 을 구하는 것을 다변수 함수의 변분이라 한다.

2n개의 경계조건

$$y_1(x_0) = y_{10},\ y_2(x_0) = y_{20}, \cdots, y_n(x_0) = y_{n0}$$
$$y_1(x_1) = y_{11},\ y_2(x_1) = y_{21}, \cdots, y_n(x_1) = y_{n1}$$

하에서 극치를 갖기위한 필요조건을 얻기위해 n개의 함수 중 한번에 1개의 함수 $y_j(x)\ (j = 1, 2, \ldots, n)$만을 변화시키고, 다른 모든 고정시키고 실행한다. 즉 범함수 $v(y_1, y_2, \cdots, y_n)$는 단지 하나의 변함수 $y_j(x)$에 관한 범함수 $\bar{v}(y_i)$로 된다.

$$\begin{aligned} v(y_{1,}y_{2,}\cdots,y_n) &= \bar{v}(y_i) \\ &= \int_{x_0}^{x_1} F(x, y_1, y_2, \ldots, y_i, \ldots, y_n, y_1{}', y_2{}', \ldots, y_i{}', \ldots, y_n{}')dx \end{aligned} \tag{3.25}$$

범함수 $\bar{v}(y_i)$의 극치에 대한 함수 y_i는 Euler 방정식

$$F_{yi} - \frac{d}{dx}F_{yi'} = 0$$

를 만족한다. 이는 각각의 함수 $y_{1,}y_{2,}\cdots,y_n$에 대해서 성립한다. 그러므로 이 경우에는 다음과 같은 연립 2계미분방정식이 얻어진다.

$$\begin{aligned} F_{y1} - \frac{d}{dx}F_{y1'} &= 0 \\ F_{y2} - \frac{d}{dx}F_{y2'} &= 0 \\ &\cdots \\ F_{yn} - \frac{d}{dx}F_{yn'} &= 0 \end{aligned} \tag{3.26}$$

이들은 일반적으로 x, y1, y2, … yn공간에 있어서 적분곡선군을 결정하고, 그 파라메터는 C1, C2, …, Cn, …, C2n의 2n개이다. 이는 극치곡선군을 나타낸다.

예로서 단순한 n = 2의 경우, 즉 y1 = y, y2 = z 일 때에 대해 설명한다.

범함수는

$$v(y(x), z(x)) = \int_{x_0}^{x_1} F(x, y, z, y', z')dx \tag{3.27}$$

로 표현되고, 경계조건은

$$\begin{aligned} &y(x_0) = y_0,\ y(x_1) = y_1\ v(y(x), z(x)) = \int_{x_0}^{x_1} F(x, y, z, y', z')dx \\ &z(x_0) = z_0,\ z(x_1) = z_1 \end{aligned} \tag{3.28}$$

로 주어진다.

범함수 v(y, z)에 극치를 제공하는 공간곡선 y = y(x), z = z(x)를 결정하는 것이다.(그림 3.9). 먼저 z(x)를 고정하고 y(x)만을 변화시키면, 이는 x, z평면에 곡선의 투영을 고정한 채로 공간곡선을 변화시키는 것이다. 따라서 공간곡선 자신은 이 변화 과정을 통해 면 z = z(x) 의 위에 있다. 이 경우 Euler 방정식은 다음과 같다.

$$F_y - \frac{d}{dx}F_{y'} = 0 \tag{3.29}$$

둘째로 y(x)를 고정하고 z(x)만을 변화시키는 것은 x, y평면에 곡선의 투영을 고정하고 공간곡선을 변화하는 것에 상당한다. 이 경우 Euler 방정식은

$$F_z - \frac{d}{dx}F_{z'} = 0 \tag{3.30}$$

이 두 과정에 의해 극치곡선 AB가 결정된다.

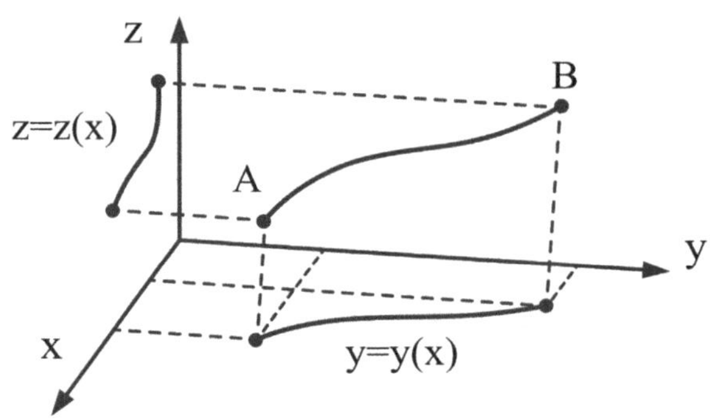

그림 3-9

[예제 3.6] 다음 범함수의 극치곡선을 구하시오.

$$v(y(x), z(x)) = \int_0^{\pi/2} (y'^2 + z'^2 + 2yz)dx$$

경계조건은 다음과 같다

$$y(0) = 0, y(\pi/2) = 1$$

$$z(0) = 0, z(\pi/2) = -1$$

[해] Euler 방정식은

$$y'' - z = 0, z'' - y = 0 \quad (1)$$

로 되고, 식(1)에서 z를 소거하면 다음식이 유도된다.

$$y'''' - y = 0 \quad (2)$$

이 식의 해는

$$\begin{aligned} y &= C_1 e^x + C_2 e^{-x} + C_3 \cos x + C_4 \sin x \\ z &= y'' = C_1 e^x + C_2 e^{-x} - C_3 \cos x + C_4 \sin x \end{aligned} \quad (3)$$

로 표현되고, 미지의 정수 C1 ~ C4는 경계조건으로부터 다음식과 같이 구해진다.

$$C_1 = C_2 = C_3 = 0, C_4 = 1 \quad (4)$$

식(4)의 정수값을 식(3)에 대입하면, 극치곡선은

$$y(x) = \sin x, z(x) = -\sin x \quad (5)$$

와 같이 구해진다.

3.4 고차도함수를 갖는 범함수의 변분

지금까지는 피적분함수가 1계 도함수만을 포함하는 경우를 다루었다. 여기에서는 고계 도함수를 포함하는 경우의 변분을 다룬다.

3.4.1 변함수가 1개의 경우

$$v(y(x)) = \int_{x_0}^{x_1} F(x, y, y', \ldots, y^n)\, dx \tag{3.31}$$

가 극치를 취하는 함수 y(x)를 구한다. 단 경계조건으로는

$$\begin{aligned} y(x_0) &= y_0, y'(x_0) = y'_0, \ldots, y^{n-1}(x_0) = y_0^{n-1} \\ y(x_1) &= y_1, y'(x_1) = y'_1, \ldots, y^{n-1}(x1) = y_1^{n-1} \end{aligned}$$

즉 끝점에서 허용된 함수가 지정된 값을 취하는 것만이 아니라, 그 n - 1계까지의 도함수도 지정된 값을 갖는 것으로 가정한다. 임의 2n회 적분가능한 곡선 y = y(x)가 극치를 제공하는 것으로 하고, y = y*(x)를 역시 2n회 적분가능한 임의 비교곡선으로 한다.

1 파라메터의 함수군 y(x, a)를 고려하자.

$$y(x, a) = y(x) + a(y^*(x) - y(x))$$

또는

$$y(x, a) = y(x) + a\delta y$$

따라서

$$y(x, a) = \begin{cases} y(x) : a = 0 & (\text{극치곡선}) \\ y^*(x) : a = 0 & (\text{비교곡선}) \end{cases}$$

곡선군 y=y(z, a) 만을 생각하고, 이것에 따른 범함수 v(y(x))가 취할 값만을 고려하면, v(y(x))는 a만의 통상의 함수 $\psi(a)$로 된다.

$$v(y(x,a)) = \psi(a) = \int_{x_0}^{x_1} F(x, y(x,a), y'(x,a), \dots, y^n(x,a))dx \tag{3.33}$$

그리고 이 함수는 a = 0에서 극치를 이룬다. 따라서

$$\phi'(a)|_{a=0} = 0$$

또는

$$\begin{aligned} \delta v &= \frac{d}{da} v(y(x,a))|_{a=0} \\ &= [\frac{d}{da}\int_{x_0}^{x_1} F(x, y(x,a), y'(x,a), \dots, y^n(x,a))dx]_{a=0} \\ &= \phi'(a)|_{a=0} \end{aligned} \tag{3.34}$$

그런데

$$\begin{aligned} \phi'(a) &= \int_{x_0}^{x_1} \frac{\partial}{\partial a} F \\ &= \int_{x_0}^{x_1} \frac{\partial}{\partial a}[F_y \frac{\partial}{\partial a} y(x,a) + F_{y'} \frac{\partial}{\partial a} y'(x,a) + \dots + F_{y''} \frac{\partial}{\partial a} y^n(x,a)]dx \end{aligned}$$

여기서

$$\begin{aligned} \frac{\partial}{\partial a} y(x,a) &= \frac{\partial}{\partial a}(y(x) + a\delta y) = \delta y \\ \frac{\partial}{\partial a} y'(x,a) &= \frac{\partial}{\partial a}(y'(x) + a\delta y') = \delta y' \\ &\dots\dots\dots\dots \\ \frac{\partial}{\partial a} y^{n(x,a)} &= \frac{\partial}{\partial a}(y^n(x) + a\delta y^n) = \delta y^n \end{aligned}$$

이므로, $\phi'(a)$는 다음과 같이 간단히 쓸 수 있다.

$$\begin{aligned}\phi'(a) = \int_{x_0}^{x_1} & F_y(x, y(x,a), y'(x,a), \dots, y^n(x,a))\delta y \\ & + F_{y'}(x,y(x,a),y'(x,a), \dots, y^n(x,a))\delta y' \\ & + \dots\dots\dots\dots \\ & + F_{y''}(x,y(x,a),y'(x,a), \dots, y^n(x,a))\delta y^n]\, dx\end{aligned} \tag{3.35}$$

a = 0 인 경우, $\phi'(0)$는

$$\begin{aligned}\phi'(0) = \int_{x_0}^{x_1} & [F_y(x,y(x),y'(x),\dots,y^n(x))\delta y \\ & + F_{y'}(x, y(x), y'(x), \dots, y^n(x))\delta y^n]dx\end{aligned}$$

그러므로

$$\delta v = \phi'(0) = \int_{x_0}^{x_1}(F_y\delta y + F_y\delta y' + F_{y''}\delta y'' + \dots + F_{y''}\delta y^n)dx \tag{3.36}$$

윗식은 우변의 제 2항 이상을 부분적분하면

$$\begin{aligned}\int_{x_0}^{x_1} F_y\delta y' dx &= [F_{y'}\delta y]_{x_0}^{x_1} - \int_{x_0}^{x_1}\frac{d}{dx}F_{y'}\,\delta y dx \\ \int_{x_0}^{x_1} F_{y''}\delta y'' dx &= [F_{y'}{}'\delta y']_{x_0}^{x_1} - \int_{x_0}^{x_1}\frac{d}{dx}F_{y''}\,\delta y' dx \\ &= [F_{y'}{}'\delta y']_{x_0}^{x_1} - [\frac{d}{dx}F_{y''}\delta y]_{x_0}^{x_1} + \int_{x_0}^{x_1}\frac{d^2}{dx^2}F_{y''}\delta y dx\end{aligned}$$

와 같이 구할 수 있다. 여기서 끝점 $(x_0, y_0), (x_{1,} y_1)$은 고정되어 있으므로, 끝점 $x = x_{0\,,}\ x = x_1$ 에서

$$\delta y = \delta y' = \delta y'' = \dots\dots = \delta y^{n-1} = 0 \tag{3.37}$$

로 된다. 따라서 극치를 제공하는 곡선에서 임의 δy에 대해

$$\delta v = \int_{x_0}^{x_1} (F_y - \frac{d}{dx}F_{y'} + \frac{d^2}{dx^2}F_{y''} - \frac{d^3}{dx^3 F_{y'''}} + \ldots\ldots + (-1)^n \frac{d^n}{dx^n}F_{y''})\delta y dx \quad (3.38)$$

가 성립한다. 극치곡선에서 $\delta v = 0$이므로, 윗식의 소괄호내의 항들은 0이 되어야 한다. 즉 범함수 v(y(x))에 극치를 제공하는 어떠한 함수 y(x)도 다음 식을 만족해야 한다.

$$\frac{d}{dx}F_{y'} + \frac{d^2}{dx^2}F_{y''} - \frac{d^3}{dx^3 F_{y'''}} + \ldots\ldots + (-1)^n \frac{d^n}{dx^n}F_{y''} = 0 \quad (3.39)$$

이 2n계 미분방정식을 Euler - Poisson 방정식이라 한다. 이 방정식의 적분곡선은 극치곡선이라 부르며, 그 일반해의 2n개 임의 정수는 최초에 주어진 2n개의 경계조건으로부터 정해진다.

[예제 3.7] 양단고정보의 자중에 한 처짐곡선을 Euler - Poisson 방정식을 이용하여 구하시오.

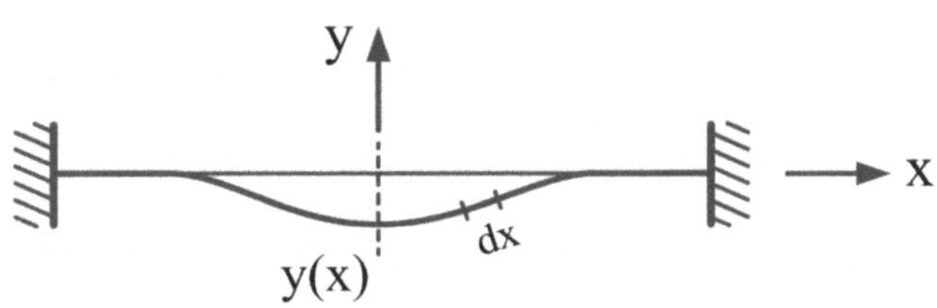

그림 3-10

[해] 보의 미소길이 dx부분의 탄성 포텐셜에너지는

$$\frac{1}{2}EI(y'')^2 \quad (1)$$

이고, 중력 포텐셜 에너지는 pgy로 표현된다. 여기서 E, I 및 p는 각각 Young계수, 단면의 2차모멘트 및 단위 길이당의 질량이다. 따라서 계의 포텐셜 에너지는 다음의 범함수로 표시된다.

$$v(y(x)) = \int_{-I}^{I} [\frac{1}{2}EI(y'')^2 + \rho g y]dx \quad (2)$$

	보가 평형상태일 때, y(x)는 v(y(x))를 극소로 하는 것이다. 경계조건은 양단고정이므로 $$y(-l)=0,\ y(l)=0 \quad y'(-l)=0,\ y(l)=0 \tag{3}$$ 로 되고 $$F=\frac{1}{2}EI(y'')^2+\rho gy,\ F_y=\rho g,\ F_y=0,\ F_{y''}=EIy''$$ 이므로, Euler - Poisson 의 방정식 $$F_y-\frac{d}{dx}F_{y'}+\frac{a^2}{dx^2}F_{y''}=0$$ 은 다음과 같이 된다. $$\rho g+\frac{d^2}{dx^2}(EIy'')=0 \text{ 또는 } y''''=-\frac{\rho g}{EI} \tag{4}$$ 이를 풀면 $$y=-\frac{\rho gx^4}{24EI}+C_1x^3+C_2x^2+C_3x+C_4 \tag{5}$$ 식(5)에서 미지정수 C1~C4는 식(3)의 경계조건을 이용하여 구할 수 있고, 따라서 처짐곡선은 아래와 같이 얻어진다. $$y=-\frac{\rho g}{24EI}(x^2-l^2)^2 \tag{6}$$

[예제 3.8]	힘 f(x)가 작용하고, 처짐 y를 갖는 보(beam)의 포텐셜에너지가 극소로 되는 처짐 y를 구하시오.
[해]	계의 포텐셜에너지는 다음과 같이 범함수로 표현된다. $$v(y(x))=\frac{EI}{2}\int_0^l (y'')^2dx-\int_0^l fydx \tag{1}$$ 여기서 EI는 보의 전 길이에 대한 굽힘 강성이다(그림 3.11).

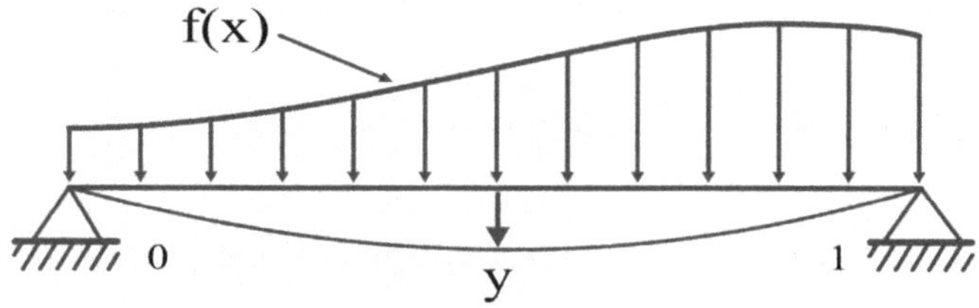

그림 3-11

1차 변분은 다음과 같다.

$$\begin{aligned}\delta v &= EI\int_0^l y''\delta y''dx - \int_0^l f\delta y dx \\ &= EI[y''\delta y']_0^l - EI\int_0^l y'''\delta y' dx - \int_0^l f\delta y dx \\ &= EI[y''\delta y']_0^l - Ei[y'''\delta y]_0^l + EI\int_0^l y''''\delta y dx - \int_0^l f\delta y\, dx\end{aligned} \tag{2}$$

Euler - Poisson의 방정식은

$$F_y - \frac{d}{dx}F_{y'} + \frac{d^2}{dx^2}F_{y''} = 0 \tag{3}$$

은 다음과 같이 구해진다.

$$EIy'''' - f = 0 \tag{4}$$

만일, 보의 끝(x=0)이 단순지지이면, x = 0에서의 경계조건은

$$y = 0,\ y'' = 0 \tag{5}$$

가 된다. 여기서, 두 번째 조건은 x = 0에서 $\delta y'$가 임의적이므로, 따라서 그 계수 y''와 y'''는 영이 된다.
만일, x = 0에서 고정되었다면, x = 0에서 경계조건은(그림 3.12),

$$y = 0,\ y' = 0 \tag{6}$$

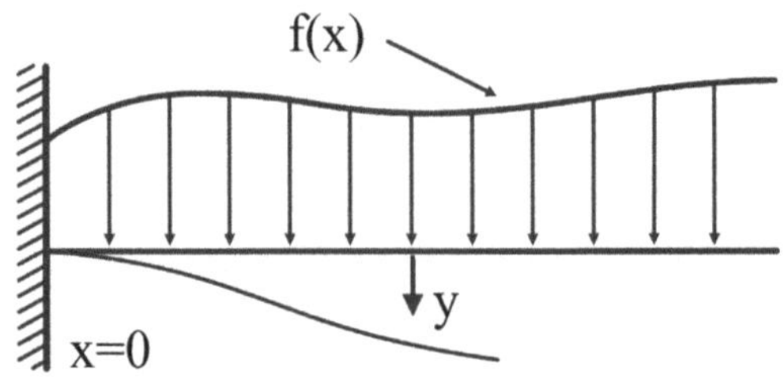

그림 3-12

자유단에서는 (그림 3.13), x = 0에서 δy와 δy는 임의적이고, 그들의 계수 y''와 y'''는 영이 되어야 한다. x = l에서 경계조건도 같은 방법으로 구해진다.

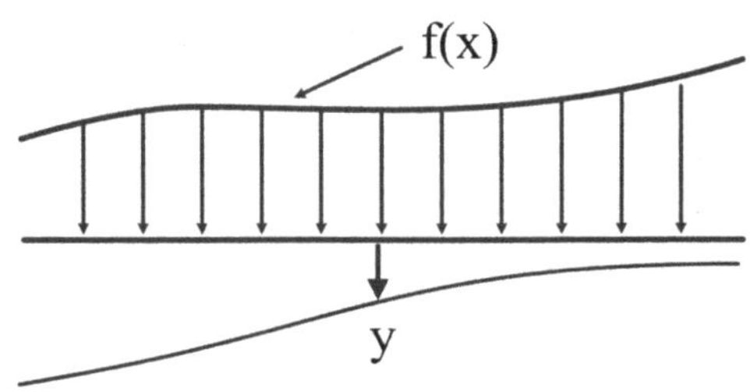

그림 3-13

f가 상수이고 양단이 단순지지일 때, 식(4)의 해는 다음과 같다.

$$Ely = \frac{f}{24}(x^4 - 2lx^3 + l^3x) \tag{7}$$

3.4.2 변함수가 2개인 경우

범함수

$$v(y(x), z(x)) = \int_{x_0}^{x_1} F(x, y, y', \dots, y^n, z, z', \dots, z^m)\, dx$$

$$Ely = \frac{f}{24}(x^4 - 2lx^3 + l^3x) \tag{3.40}$$

가 극치를 갖기 위한 함수 y(x), z(x)를 구하는 것이다. 단 경계조건은 y(x)에 관해서 2n개, z(x)에 관해서 2m개가 있다.

① z(x)를 고정하고 y(x)만을 변화시키면, $v(y(x), z(x))$에 극치를 제공하는 어떠한 한쌍 y(x), z(x)도 Euler - Poisson 의 방정식

$$F_y - \frac{d}{dx}F_{y'} + \ \ldots\ldots + (-1)^n \frac{d^n}{dx^n}F_{y''} = 0 \tag{3.41}$$

를 만족한다.

② y(x)를 고정하고 z(x)만을 변화시키면, $v(y(x), z(x))$에 극치를 제공하는 어떠한 한쌍 z(x), y(x)도 Euler - Poisson의 방정식

$$F_z - \frac{d}{dx}F_{y'} + \ldots\ldots + (-1)^m \frac{d^m}{dx^m}F_{y^m} = 0 \tag{3.42}$$

를 만족한다.

따라서 범함수 v(y(x), z(x))에 극치를 제공하는 y(x), z(x)는 다음 연립방정식을 만족하는 것이다.

$$\begin{aligned} F_y - \frac{d}{dx}F_{y'} + \ldots\ldots + (-1)^n \frac{d^n}{dx^n}F_{y^n} = 0 \\ F_z - \frac{d}{dx}F_{z'} + \ldots\ldots + (-1)^m \frac{d^m}{dx^m}F_{z^m} = 0 \end{aligned} \tag{3.43}$$

3.4.3 변함수가 m개인 경우

범함수

$$v(y_{1,}y_{2,}\cdots,y_m) = \int_{x_0}^{x_1} F(x,y_1,y'_1,\cdots,y_1^{n1},\ y_2\ ,y'_2,\cdots,\ y_2^{n2},\cdots y_m,y'_m,\cdots,y_m^{mm})dx \quad (3.44)$$

가 극치를 취할 $y_1, y_2, \cdots, y_m$를 구하는 것이다.

단 경계조건은 y_1에 관해서 $2n_1$개, y_2에 곤해서 $2n_2$개, ⋯, y_m에 관해 $2n_m$개다. 함수 $y_{1,}y_{2,}\cdots,y_m$ 중 어느 하나의 함수 $y_i(x)$ 만을 변화시키고, 나머지 함수를 고정하면, 그것은 다음의 Euler - Poisson의 방정식을 만족한다.

$$F_{yi} - \frac{d}{dx}F_{yi'} + \ \cdots\cdots\ + (-1)^{\ni}\frac{d^{\ni}}{dx^{\ni}}F_{yl^{\ni}} = 0 \quad (3.45)$$

따라서 범함수 $v(y_{1,}y_{2,}\cdots,y_m)$에 극치를 제공하는 $y_1, y_2, \cdots, y_m$은 다음의 연립방정식을 만족하는 것이다.

$$\begin{aligned} &F_{y1} - \frac{d}{dx}F_{y1'} + \ \cdots\cdots\ + (-1)^{n1}\frac{d^{n1}}{dx^{n1}}F_{yl^{n1}} = 0 \\ &F_{y2} - \frac{d}{dx}F_{y2'} + \ \cdots\cdots\ + (-1)2\frac{d^{n2}}{dx^{n2}}F_{yl^{n2}} = 0 \\ &\qquad\qquad\cdots\cdots\cdots\cdots \\ &F_{ym} - \frac{d}{dx}F_{ym'} + \ \cdots\cdots\ + (-1)^{nm}\frac{d^{nm}}{dx^{nm}}F_{yl^{nm}} = 0 \end{aligned} \quad (3.46)$$

3.5 여러 독립변수를 갖는 함수의 범함수의 변분

3.5.1 독립변수가 2개로 1계 편도함수를 포함한 경우

독립변수가 x, y로 2개인 다음 범함수의 극치를 고려하자.

$$v(z(x,y)) = \int\int_D F(x,y,z,\frac{\partial z}{\partial x},\frac{\partial z}{\partial y})dxdy \tag{3.47}$$

① 영역 D의 경계 C위에서 함수 z(x,y)의 값이 지정된다. 즉 C^*는 주어진다.

② 모든 허용된 곡면 z = z(x,y)는 C^*를 통한다.

③ $\frac{\partial z}{\partial x} = p,\ \frac{\partial z}{\partial y} = q$ 로 놓는다.

④ 함수 F는 2회 연속미분 가능하다.

⑤ 극치곡선 z = z(x,y)는 2회연속 미분가능하다.

1 파라메터의 곡면군 (함수군)을 다음과 같이 고려한다.

$$\begin{aligned} z &= z(x,y,a) \\ &= z(x,y) + a(z^*(x,y) - z(x,y)) \\ &= z(x,y) + a\delta z \end{aligned}$$

단 z = z(x,y)는 극치곡면으로 하고, 그것에 인접하는 허용된 곡면(즉 비교곡면 또는 비교함수)의 어느 하나를 $z = z^*(x,y)$로 한다.

$$z(x,y,a) = \begin{cases} z(x,y) : a = 0 \text{ 일 때} \\ z^*(x,y) : a = 1 \text{ 일 때} \end{cases}$$

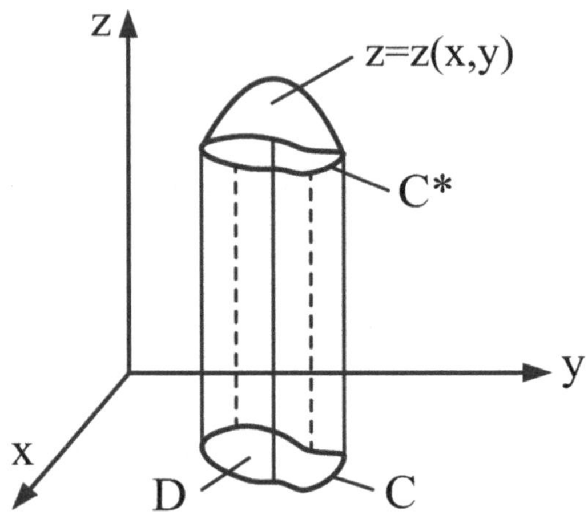

그림 3-14

변함수 z(x, y)의 변분은

$$\delta z = z^*(x,y) - z(x,y)$$

여기서 δz는 x, y의 함수이다. 함수군 $z=(x,y,a)$상에서만 범함수

$$v(z(x,y)) = \int\int_D F dx dy$$

가 취할 값만을 생각하면, v(z(x,y,a))의 값은 파라메터 a의 선정방법만에 정해지므로

$$v(z(x,y,a)) = \phi(a)$$

로 a만의 함수가 된다. a = 0에서 $v(z(x,y,a))$는 극치를 취하므로 필요조건은

$$\frac{d\phi(a)}{da}\Big|_{a=0} = 0$$

이다. 즉 $\phi'(0) = 0$ 이므로, 범함수 v(z(x,y))의 변분 δv의 실용적인 정의는 다음 식으로 정의된다.

$$\delta y' = \frac{\partial}{\partial a} v(z(x,y) + a\delta z)|_{a=0} = \frac{\partial}{\partial a} v(z(x,y,a))|_{a=0} \tag{3.48}$$

여기서

$$\begin{aligned}
\phi(a) &= \frac{d\phi(a)}{da} = \frac{d}{da}\int\int_D F\,dxdy \\
&= \int\int_D (\frac{\partial}{\partial a} F(x,y,z(x,y,a), p(x,y,a), q(x,y,a))dxdy \\
&= \int\int_D [F_z \frac{\partial}{\partial a} z(x,y,a) + F_p \frac{\partial}{\partial a} p(x,y,a) + F_q \frac{\partial}{\partial a} q(x,y,a)]dxdy
\end{aligned}$$

여기서

$$\begin{aligned}
z(x,y,a) &= z(x,y) + a\delta z \\
p(x,y,a) &= \frac{\partial z(x,y,a)}{\partial x} = \frac{\partial z}{\partial x} + a\delta(\frac{\partial z}{\partial x}) \\
&= p(x,y) + a\delta q \\
q(x,y,a) &= q(x,y) + a\delta q
\end{aligned}$$

따라서

$$\phi'(a) = \int\int_D F_z \delta z + F_p \delta p + F_q \delta q)dxdy$$

따라서 윗식에 a = 0를 대입하면

$$\delta v = \phi'(0) = \int\int_D F_z \delta z + F_p \delta p + F_q \delta q)dxdy$$

보충설명

여기서 $F_p\delta p$와 $F_q\delta q$는 다음 방법으로 구해진다.

$$\frac{\partial}{\partial x}F_p\delta z = \frac{\partial}{\partial x}F_p\delta z + F_p\delta p$$
$$\frac{\partial}{\partial y}F_q\delta z = \frac{\partial}{\partial x}F_q\delta z + F_q\delta p$$

이므로

$$\int\int_D F_p\delta p + F_q\delta q)\,dxdy$$
$$= \int\int_D [\frac{\partial}{\partial x}[F_p\delta z] + \frac{\partial}{\partial y}[F_q\delta z]]dxdy$$
$$- \int\int_D [\frac{\partial}{\partial x}[F_p] + \frac{\partial}{\partial y}[F_q]\delta z dxdy$$

① 윗식의 우변 첫항은 Green의 보조정리에 의해

$$\int_C Udx + Vdu = \int\int_D (\frac{\partial V}{\partial x} - \frac{\partial U}{\partial y})dxdy$$

여기서 $V = F_p\delta z,\ U = -F_q\,\delta z$ 로 놓으면

$$\int_C (F_p\delta zdy - F_q\delta zdx) = 0$$

(왜냐! 곡선 C에서는 $\delta z = 0$이므로)

② 윗식의 우변 둘째항은

$\frac{\partial}{\partial x}[F_p]$를 계산 할 때는 v는 고정되므로, F_p를 y이외의 x,z,p,q로서 편미분하면 좋다.

즉

$$\frac{\partial}{\partial x}[F_p] = F_{px} + F_{pz}\frac{\partial z}{\partial x} + F_{pp}\frac{\partial p}{\partial x} + F_{pq}\frac{\partial q}{\partial x}$$
$$\frac{\partial}{\partial y}[F_q] = F_{qx} + F_{qz}\frac{\partial z}{\partial y} + F_{qp}\frac{\partial p}{\partial y} + F_{qq}\frac{\partial q}{\partial y}$$

따라서 변분 δv의 극치에 대한 필요 조건은 δv = 0 이므로

$$\delta v = \int\int_D (F_z - \frac{\partial}{\partial x}[F_p] - \frac{\partial}{\partial y}[F_q])\delta z dx dy = 0$$

여기서 δz는 경계곡선 C*상에서만 0이므로, 곡면 z = z(x,y)가 범함수에 극치를 제공하려면

$$F_z - \frac{\partial}{\partial x}[F_p] - \frac{\partial}{\partial y}[F_q] = 0$$

이 되어야 한다. 이 식은 1834년 최초 발견한 러시아 수학자의 이름을 따서 Ostrogradski 방정식 또는 Euler - Lagrange 방정식이라고도 한다.

[예제 3.9] 아래에 정의되는 범함수에 대해 Ostrogradski 방정식을 구하시오.

[해] z(x, y)가 막의 변위를 나타내는 경우, 각 점이 z(x,y)만큼 변위하므로써 생기는 면적의 증가는

$$ds = [(1 + (\frac{\partial z}{\partial x})^2 + (\frac{\partial z}{\partial y})^2)^{1/2} - 1]dxdy$$
$$= [(1 + \frac{1}{2}(\frac{\partial z}{\partial x})^2 + (\frac{\partial z}{\partial y})^2 - 1]dxdy \quad (1)$$
$$= \frac{1}{2}(\frac{\partial z}{\partial x})^2 + (\frac{\partial z}{\partial y})^2 dxdy$$

막의 장력을 T라 하면, 변형에 의한 포텐셜에너지의 증가 dV는

$$dV = Tds = \frac{T}{2}(\frac{\partial z}{\partial x})^2 + (\frac{\partial z}{\partial y})^2 dxdy \quad (2)$$

따라서 막 전체의 포텐셜에너지는 범함수

$$\begin{aligned} V(z(x,y)) &= \frac{T}{2}\int\int_D (\frac{\partial z}{\partial x})^2 + (\frac{\partial z}{\partial y})^2 \, dxdy \\ &= \frac{T}{2} v(z(x,y)) \end{aligned} \tag{3}$$

로 정의된다. 유체역학의 경우 $z = \phi(x,y)$는 2차원흐름에서 속도 포텐셜을 나타낸다.

$$F = p^2 + q^2 \text{ 이므로, } F_x = 0, F_p = 2p, F_q = 2q$$

따라서 Ostrogradski 방정식은

$$-\frac{\partial}{\partial x}(2p) - \frac{\partial}{\partial y}(2q) = 0$$

즉

$$\frac{\partial^2 z}{\partial x^2} + \frac{\partial^2 z}{\partial y^2} = 0 \tag{4}$$

이며, 이 식은 Laplace 방정식으로 불리, 유체역학, 정전기학 등에서 널리 사용되는 식이다. 이 식은 간단히

$$\Delta z = 0 \text{ 또는 } \nabla^2 z = 0$$

로도 표시된다.

Pierre Simon de Laplace (1749 - 1827)

18세에 파리 육군사관학교의 교관이 되어, 대혁명이 일어나자 공화주의자가 되어 도량형위원회에서 활약하고, 반혁명시대에는 나폴레옹에 의해 내무장관에 기용되었다. 이후 백작, 원로원 의원을 역임하고, 1916년에는 Ecole Polytechnic 재편위원장을 역임하고, 1827년에 귀족원 의원, 후작으로 사망하였다.

그는 수학의 천재였지만, 명예욕과 정치적인 무절제로 인해 많은 비난을 받았다. 자신의 출생지의 혈연이나 은인을 멀리하고, 항상 자신의 비천한 출신성분을 숨기려 하였다. 나폴레옹에 중용되어 그의 전성기에는 「천체역학」의 서문에서 나폴레옹 황제를 찬양하고, 「확율의 해석적 이론」을 헌정하였으나, 나폴레옹이 실각하자 이후에는 루이 18세에 등용되어 나폴레옹의 추방령에 서명하고, 자신의 저서 「천체역학」의 서문을 철회하였으며, 「확율의 해석적 이론」의 헌사는 루이 18세 에의 헌사로 바꾸는 등 처세에 능하였다.

[예제 3.10] 막의 각 점에 면밀도 Tf(x, y)의 외력이 수직방향(-z방향)으로 작용 한다면, 전 포텐셜에너지는

$$\begin{aligned} V(z(x,y)) &= \int\int_D \frac{T}{2}[(\frac{\partial z}{\partial x})^2 + (\frac{\partial z}{\partial y})^2] + Tf(x,y)zdxdy \\ &= \frac{T}{2}v(z(x,y)) \end{aligned} \quad (1)$$

$F = p^2 + q^2 + 2zf(x,y)$이므로

$$F_z = 2f(x,y),\ F_p = 2p,\ F_q = 2q$$

로 되고, 따라서 Ostrogradski 방정식은

$$2f(x,y) - \frac{\partial}{\partial x}(2p) - \frac{\partial}{\partial y}(2q) = 0$$

즉

$$\frac{\partial^2 z}{\partial x^2} + \frac{\partial^2 z}{\partial y^2} = f(x,y)$$

또는 간단히

$$\Delta z = f(x,y)$$

로 표시된다. 이 식은 Poisson 방정식으로 불리우며, 2차원유체의 포텐셜 흐름에 대한 식으로 널리 알려져 있다.

보충설명

물리현상의 이론으로 부터 범함수를 만들고 그것을 변분법에 의해 미분방정식 (여 기서는 Ostroradski 방정식)을 유도한 후, 이 방정식의 해를 구하는 방법을 고전적 변분법이라한다. 이와 반대로 미분방정식(예로 Laplace 방정식 또는 Poisson 방정 식)으로 부터 변분원리에 의해 범함수 (2(x, y))를 만들고, 그것을 후술하는 변분문제의 직접해법(근사해법)에 의해 해를 구하는 방법을 근대적 변분법이라 한다.

- v고전적 변분법: 변분법 → 미분방정식 → 해
- v근대적 변분법: 미분방정식 → 변분원리 → 직접해법 → 해

3.6 응용 예

역학에 있어서 기본적인 변분원리는 Ostrogradski Hamilton 원리 또는 간단히 Hamilton 원리(principal of Hamilton)이다. 이는 질점계의 모든 가능한 운동, 즉 구 속조건을 위배하지 않는 여러 운동 중에서 Particle system으로 일어나는 운동은 범함수

$$v(u(t)) = \int_{t_2}^{t_1} (T - V)dt$$

에 극치를 제공하는 곡선에서 있다. 여기서 T는 계의 운동에너지, V는 계의 포텐셜에너지이다. 또 L = T - V를 Lagrange 함수 또는 Lagrangian이라고도 부른다.

보충설명

Dynamics - Newtonian mechanics (뉴튼역학, 고전역학) → Force balance

- Analytical mechanis (해석역학) → Energy balance

⟶ Energy method

- 가상변위의 정리
- Hamilton의 정리
- Lagrange 방정식

Hamilton의 정리	가상변위의 정리
운동에너지 포텐셜에너지 ↓ scalar량	관성력 탄성력 ↓ vetoc 량

Willam Rowan Hamilton (1805 - 1865)

아일랜드의 더블린에서 태어 났으며, 13세에 이미 13개국어로서 시를 쓸 정도의 재능을 갖고 이었다. 학교교육을 받지않고 대학에 입학하여 22세의 젊은 나이에 교수가 되었다. Hamilton 함수의 뿌리는 이미 그의 나이 10대 무렵부터 잉태되고 있었다고 전해진다.

[예제 3.11] 질량이 $m_i(i = 1, 2, \cdots, n)$이고 좌표 (x_i, y_i, z_i)의 n계 질점계가 주어진 경우, 각 질점에 힘 F_i가 작용한다. 힘 F_i는 힘의 함수 V, 즉 포텐셜에 의해 결정된다.
여기서 F_{ix}, F_{iy} 및 F_{iz}는 점 (x_i, y_i, z_i)에 작용하는 힘 벡터 F_i의 각 성분들이다. 즉

$$F_{ix} = -\frac{\partial V}{\partial x_i}, F_{iy} = -\frac{\partial V}{\partial y_i}, F_{ix} = -\frac{\partial V}{\partial z_i}$$

계의 운동방정식 (즉 운동에 대한 미분방정식)을 유도하시오.

[해] 운동에너지는 T는

$$T = \frac{1}{2}\sum_{i=1}^{n} m_i(x_i^2 + y_i^2 + z_i^2) \tag{1}$$

로 표시되고, 탄성 포텐셜에너지 V는 V(x_i, y_i, z_i)이다.
범함수

$$\begin{aligned} v &= \int_{t_0}^{t_1} Ldt = \int_{t_0}^{t_1}(T - V)dt \\ &= \int_{t_0}^{t_1}(\frac{1}{2}m_i(x_i^2 + y_i^2 + z_i^2) - V)dt \end{aligned} \tag{2}$$

이고, Euler 방정식은

$$
\begin{aligned}
&-\frac{\partial V}{\partial Vx_i} - \frac{d}{dt}\frac{\partial T}{\partial x_i} = 0 \\
&-\frac{\partial V}{\partial y_i} - \frac{d}{dt}\frac{\partial T}{\partial y_i} = 0 \\
&-\frac{\partial V}{\partial z_i} - \frac{d}{dt}\frac{\partial T}{\partial z_i} = 0, \ (i = 1,2, \cdots, n)
\end{aligned}
$$

이므로, T와 V를 대입하면

$$
\begin{aligned}
&m_i\bar{x}_i - F_{ix} = 0 \\
&m_i\bar{y}_i - F_{iy} = 0 \\
&m_i\bar{z}_i - Fz = 0 \ (i = 1,2, y\cdots, n)
\end{aligned}
\tag{3}
$$

와 같이 Euler방정식은 표현된다.
만일 계가 다음과 같은 형의 m개식의 구속을 받고 있을 경우

$$
\begin{gathered}
\phi_j(t, x_1, x_2, \cdots, x_n, y_1, y_2, \cdots, y_n, z_1, z_2, \cdots, z_n) = 0 \\
(j = 1,2,\cdots, m)(\text{단 } m < 3n)
\end{gathered}
\tag{4}
$$

이 식을 이용하면 시간 t를 제거한 m개의 변수를 (3n - m)개의 구속을 받지 않는 변수로 표현할 수 있다. 즉 3n개의 변수는 (3n - m)개의 새로운 독립변수

$$q_1, q_2, \cdots, q_{3n-m}$$

로서 치환된다. (상세한 것은 뒤에서 설명) 즉 운동 및 포텐셜에너지는

$$
\begin{aligned}
T &= T(q_1, q_2, \cdots, q_{3n-m}, \dot{q}_1, \dot{q}_2, \cdots, \dot{q}_{n3-m}, t) \\
V &= V(q_1, q_2, \cdots, q_{3n-m}, t)
\end{aligned}
\tag{5}
$$

이 때의 Euler 방정식은 다음의 (3n −m)개의 식으로 되는 연립방정식

$$\frac{\partial(T - V)}{\partial q_i} - \frac{d}{dt}\frac{\partial T}{\partial \dot{q}_i} = 0 \ (i = 1,2, \cdots, 3_{n-m}) \tag{6}$$

으로 표현된다. 이 식을 Lagrange의 운동방정식이라 한다.

[예제 3.12] 현의 자유진동을 나타내는 미분방정식을 유도하시오.

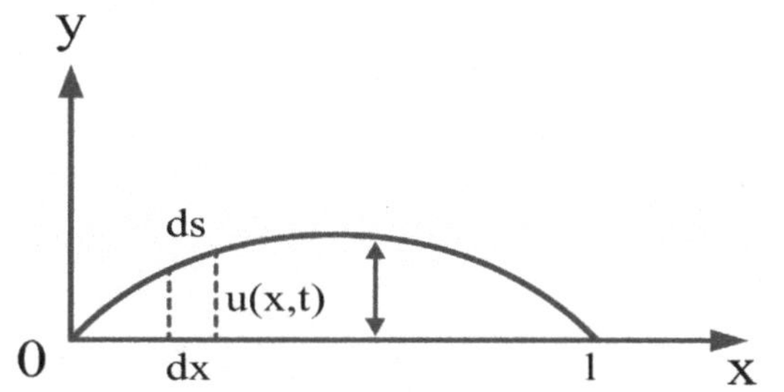

그림 3-15

[해] **1) 현에 외력이 작용하지 않는 경우**

탄성적인 현의 요소 ds에 작용하는 포텐셜 에너지는 종방향으로 늘어난 길이에 비례한다.

$$\begin{aligned} ds &= \sqrt{dx^2 + du^2} = \sqrt{1 + (\frac{du}{dx})^2}\, dx \\ &= \sqrt{1 + u_x^2} \fallingdotseq (1 + \frac{1}{2}u_x^2 - \frac{1}{6}u_x^4 + \cdots)dx \end{aligned} \tag{1}$$

(Taylor 급수전개) 따라서 늘어난 길이는

$$ds - dx = (\sqrt{1 + u_x^2} - 1)dx \fallingdotseq \frac{1}{2}(pdx)u_t^2$$

현 전체의 포텐셜에너지 V와 운동에너지 T는

$$V = \frac{1}{2}\int_0^l ku_x^2, dx, \ \ T = \frac{1}{2}\int_0^l \rho u_t^2 dx$$

$$\begin{aligned} ds &= \sqrt{dx^2 + du^2} = \sqrt{1 + (\frac{du}{dx})^2}\, dx \\ &= \sqrt{1 + u_x^2} \fallingdotseq (1 + \frac{1}{2}u_x^2 - \frac{1}{6}u_x^4 + \cdots)dx \end{aligned} \tag{2}$$

Ostrogradski – Hamilton 적분은

$$v(u(x,t)) = \int_{t_0}^{t_1}(T - V)dt = \int_{t_0}^{t_1}\int_0^l (\frac{1}{2}pu_t^2 - \frac{1}{2}ku_x^2)\,dxdt \tag{3}$$

로 되고, 이는 $F(u_t, u_x)$의 형으로, Ostrogradski 방정식은

$$F_u - \frac{\partial}{\partial t}F_{ut} - \frac{\partial}{\partial x}F_{ux} = 0 \tag{4}$$

로 된다. $F = \frac{1}{2}pu_t^2 - \frac{1}{2}ku_x^2$ 이므로

$$-\frac{\partial}{\partial t}(pu_t) - \frac{\partial}{\partial x}(ku_x) = 0 \tag{5}$$

현이 일정하다면 p 와 k 는 정수이므로, 현의 진동에 대한 운동방정식은 1 차원의 파동방정식으로 다음과 같이 주어진다.

$$\rho\frac{\partial^2 u}{\partial t^2} - k\frac{\partial u}{\partial x^2} = 0 \tag{6}$$

보충설명

앞의 문제를 Newton의 운동 제 2법칙을 이용하여 운동방정식을 유도하여 보면, 현의 미소요소 ds의 운동방향(y 방향)으로 작용하는 힘성분은 좌, 우단에서 각각

$$-k\frac{\partial u}{\partial x}, k\frac{\partial u}{\partial x} + \frac{}{\partial x}(k\frac{\partial u}{\partial x})dx$$

이고, 요소 dx의 질량과 관성력은

$$dm = pdx, df_i = pdx\frac{\partial^2 u}{\partial t^2}$$

이므로 Newton의 제 2법칙,

$$\Sigma F = m\frac{\partial^2 u}{\partial t^2}$$

에 의해 다음 식이 유도된다.

$$-k\frac{\partial u}{\partial x} + k\frac{\partial u}{\partial x} + \frac{\partial}{\partial x}(k\frac{\partial u}{\partial x})dx = pdx\frac{\partial^2 u}{\partial t^2}$$

정리하면

$$\rho\frac{\partial^2 u}{\partial t^2} - k\frac{\partial^2 u}{\partial x^2} = 0$$

로서 동일한 결과를 얻는다.

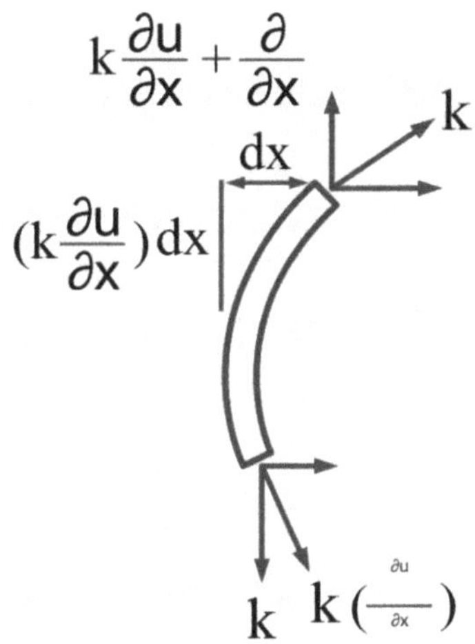

2) 현에 외력 f(t,x)가 작용하는 경우

외력 f(t,x)는 평형위치에 있는 현에 수직방향으로 작용하며, 그 크기는 현의 미소부분의 질량 pdx에 비례한다. 현의 미소부분에 작용하는 이 외력이 단위시간에 하는 일은

$$dW = (\rho dx)f(t,x)u(t,x) = \rho f(t,x)udx \tag{7}$$

따라서 Ostrogradski - Hamilton 적분은

$$\int_{t_0}^{t_1}\int_0^l \left(\frac{1}{2}\rho u_t^2 - \frac{1}{2}ku_x^2 + \rho f(t,x)u\right)dxdt \tag{8}$$

로 되고, 식(8)로부터 현의 강제진동의 운동방정식은 다음과 같이 유도된다.

$$\frac{\partial}{\partial t}(\rho u_t) - \frac{\partial}{\partial x}(ku_x) - \rho f(t,x) = 0 \tag{9}$$

일정한 현의 경우, p, k는 정수이므로 식(9)는 다음과 같이 된다.

$$\rho\frac{\partial^2 u}{\partial t^2} - k\frac{\partial^2 u}{\partial x^2} + \rho f(t,x) \tag{10}$$

[예제 3.13] 진동하는 가늘고 긴 봉의 운동방정식을 유도하시오.

[해] 이는 변형 $u(x,t)$가 굽힘모멘트만에 의한 순수굽힘만이 발생하는 경우로 Bernoulli - Euler 보라 한다.

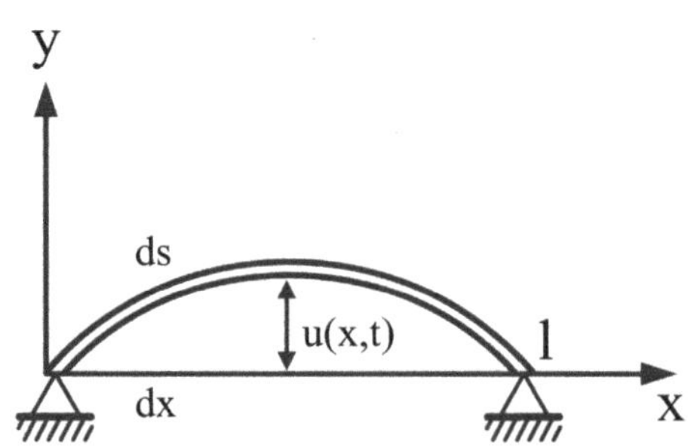

그림 3.16

봉의 운동에너지 T는

$$T = \frac{1}{2}\int_0^l \rho\left(\frac{\partial u}{\partial t}\right)^2 dx \tag{1}$$

봉의 탄성에너지 V는 곡률

$$\frac{1}{\mu} = \frac{M}{EI} = \frac{\partial^2 u/\partial x^2}{[1 + (\partial u/\partial x)^2]^{3/2}} \tag{2}$$

원호의 중심각 ϕ는

$$\phi = \frac{Mdx}{EI} \tag{3}$$

이므로, 봉의 미소 요소의 탄성에너지는

$$dV = \frac{M\phi}{2} = \frac{M^2}{2EI}dx = \frac{1}{2}EI\frac{\partial^2 u/\partial x^2}{[1+(\partial u/\partial x)^2]^{3/2}}dx$$

그러므로 전체 탄성에너지는

$$V = \frac{1}{2}EI\int_0^l \frac{\partial^2 u/\partial x^2}{[1+(\partial u/\partial x)^2]^{3/2}}{}^2 dx \tag{4}$$

정지위치로부터 흔들림이 적다면, $(\partial u/\partial x)^2$은 무시된다

$$V = \frac{1}{2}EI\int_0^l (\frac{\partial^2 u}{\partial x^2})^2 dx \tag{5}$$

Ostrogradski – Hamilton 적분은

$$\begin{aligned} v(u(x,t)) &= \int_{t_0}^{t_1}(T - V)dt \\ &= \int_{t_0}^{t_1}\int_0^l [\frac{1}{2}\rho u_t^2 - \frac{1}{2}EIu_{xx}^2]dxdt \end{aligned} \tag{6}$$

식(6)은 피적분함수중에 2계도함수를 포함하고 있으며, 이를 풀면

$$F_u = 0, F_{ux} = 0, F_{ut} = \rho u_t, F_{uxx} = -EIu_{xx}, F_{uxy} = 0, F_{utt} = 0$$

이므로, 탄성봉의 자유진동의 운동방정식은 다음식과 같이 된다.

$$\frac{\partial}{\partial t}(\rho u_t) + \frac{\partial^2}{\partial x^2}(EIu_{xx}) = 0 \tag{7}$$

봉이 균질재료에 일정단명이라면, ρ, EI는 정수이므로, 식(7)은 다음과 같이 단순화 된다.

$$\rho\frac{\partial^2 u}{\partial t^2} + EI\frac{\partial^4 u}{\partial x^2} = 0 \tag{8}$$

Chapter 4

경계가 움직이는 변분문제

지금까지 범함수

$$v(y(x)) = \int_{x_0}^{x_1} F(x, y, y')dx$$

의 끝점 $A(x_0, y_0), B(x_1, y_1)$가 고정된 경우에 대해 설명하였다. 이제부터는 두 끝점의 하나 또는 두 점이 모두 변화할 수 있는 경우에 대해 고려한다.

4.1 단순한 문제의 경우

그림 4.1의 a)와 같이 A점은 고정되고 B점은 곡선 $y_1 = \phi(x_0)$을 따라 이동하는 경우와 그림 4.1의 b)의 점A는 곡선 $y_0 = \phi(x_0)$따라, 점 B는 곡선 $y_1 = \phi(x_1)$을 따라 동시에 두 끝점이 이동하는 경우이다. 이 경우 허용되는 곡선군의 범위가 넓어지고, 조사하고 있는 곡선과 같은 끝점을 갖는 비교곡선과 함께 임의 끝점을 갖는 곡선군도 고려하는 것이 된다. 그러므로 하나의 곡선 $y = y(x)$가 변화하는 경계점을 갖는 $v(y(x))$에 극치를 제공하면 제한된 곡선군에 관해서도 $v(y(x))$에 극치를 제공한다. 이 경우에도 고정된 경계점을 갖는 $v(y(x))$에 대한 극치의 필요조건이 성립된다. $y(x)$는 Euler 방정식

$$F_y - \frac{d}{dx}F_{y'} = 0 \tag{4.1}$$

의 해이다. 따라서 움직이는 경계의 경우에도 극치를 제공하는 곡선 $y = y(x)$는 극치곡선 (Euler 방정식의 해)이다.

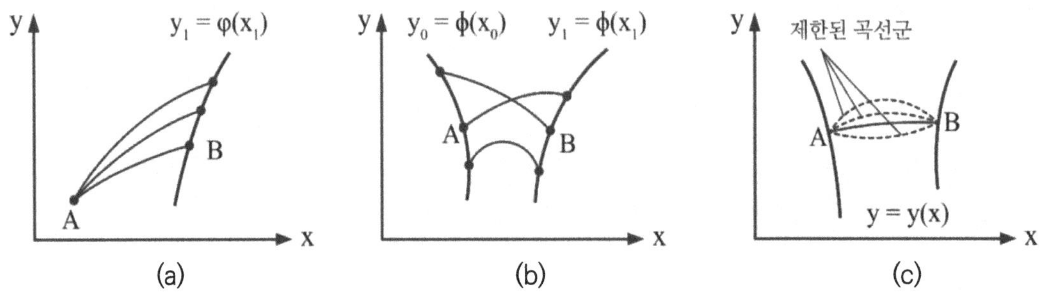

(a) (b) (c)

그림 4-1

경계가 공정된 경우는 $y(x_0) = y_0$와 $y(x_1) = y_1$의 경계조건에 의해 Euler 방정식의 해 가운데 포함된 정수 C_1과 C_2를 결정하였다. 그러나 경계가 움직이는 경우, C_1과 C_2를 결정하기 위해서는 극치에 대한 필요조건 $(\delta v = 0)$으로부터 어떤 다른 조건을 얻어야 한다. 극치는 Euler 방정식의 적분곡선 $y = y(x, C_1, C_2)$의 하나일 때에만 일어날 수 있으므로, 이들 적분곡선에서 범함수가 취하는 값만에 주목한다.

$$v(y(x, C_1, C_2)) = \int_{x_0}^{x_1} F(x, y(x, C_1, C_2), y'(x, C_1, C_2))dx \tag{4.2}$$

따라서 범함수 v는 2개의 파라메터 C_1과 C_2를 가지고, 끝점 x_0, x_1에만 종속되는 통상의 함수로 된다. 그러므로 범함수의 변분과 그 함수의 미분은 일치한다.

예로 한쪽 끝 (x_0, y_0)은 고정이고, 다른 한 끝(x_1, y_1)이 움직인다고 하자. 즉 (x_1, y_1)은 $(x_1 + \Delta x_1 . y_1 + \Delta y_1)$으로 이동하며, 변분법에서는 통상 $(x_1 + \delta x_1, y_1 + \delta y_1)$로 쓴다 $(\Delta x_1 \equiv \delta x_1, \Delta y_1 \equiv \delta y_1)$. 여기서 증분 δx_1과 δy_1은 일반적으로 각각 경계치 x_1, y_1의 변분이라 한다. 그림에서 두 개의 허용된 곡선 $y = y(x), y = y(x) + \delta y$는 변분의 절대치 $|\delta y|$ 와 $|\delta y'|$ 가 작고, 증분의 절대치 $|\delta x_1|$, $|\delta y_1|$ 이 작을 때 서로 근접한다.

점 (x_0, y_0)를 통하는 극치곡선은 곡선군 $y = y(x, C_1)$을 만든다. 이 곡선군에 속하는 곡선만을 고려하면 범함수 $v(y(x, C_1))$은 C_1과 x_1의 함수가 된다. 만일 이 곡선군에 속하는 곡선군이 고려하고 있는 하나의 극치곡선의 부근에서 교차하지 않는다면 (그림 4.2a), $v(y(x, C_1))$은 x_1, y_1에 관해 일가함수로 생각할 수 있다. 왜냐하면 x_1과 y_1을 임의로 정하면, 곡선군 중의 하나의 극치곡선이 일의적으로 결정되어 범함수의 하나의 값이 정해지기 때문이다.

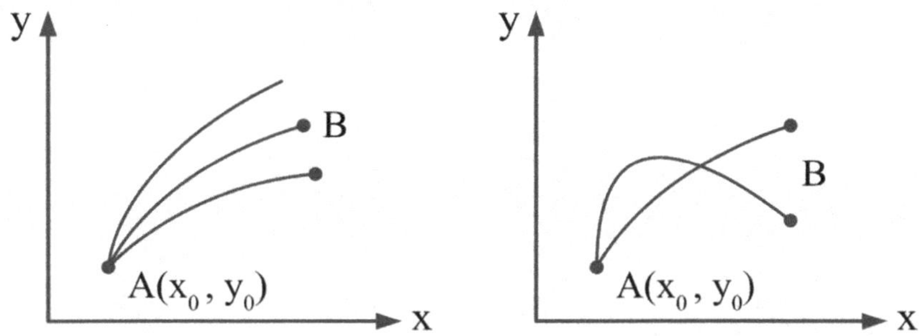

(a) (b)

그림 4-2

그림 4.3과 같이 끝점 (x_1, y_1)이 $(x_1+\delta x_1,\ y_1+\delta y_1)$으로 움직인다고 가정하여 곡선군 $y=y(x,\ C_1)$의 극치곡선에서 취한 범함수 $v(y(x,\ C_1))$의 변분을 계산하자.

$v(y(x,\ C_1))$은 단지 x_1과 y_1의 함수이므로, 범함수의 변분은 이 함수의 미분이 된다. $v(y(x,\ C_1))$의 증분 Δv의 선형 주요부 (δx_1과 δy_1에 대해 1차의 부분)를 분리한다. 이 선형주요부가 δv이다.

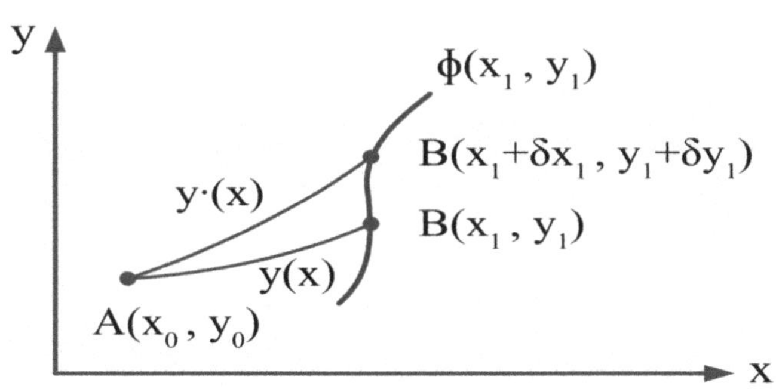

그림 4-3

$$\triangle v = \int_{x_0}^{x_1+\delta x_1} F(x, y+\delta y, y' + \delta y')dx - \int_{x_0}^{x_1} F(x, y, y')dx$$
$$= \int_{x_1}^{x_1+\delta x_1} F(x, y+\delta y, y' + \delta y')dx + \int_{x_0}^{x_1} (F(x, y+\delta y, y' + \delta y') \tag{4.2}$$
$$- F(x, y+\delta y, y'))dx$$

식(4.2)의 우변 첫 적분항을 살펴보면

$$\int_{x_0}^{x_1+\delta x_1} F(x, y+\delta y, y' + \delta y')dx$$
$= F \mid_{x = x_1 + \theta\delta x_1} \delta x_1, (0 < \theta < 1)$ (평균치의 정리로부터)
$= (F(x, y, y') \mid_{x = x_1} + \varepsilon_1) \delta x_1$ (함수 F의 연속성으로부터)
$\begin{pmatrix} \delta x_1 \to 0 \\ \delta y_1 \to 0 \end{pmatrix}$ 일 때, $\varepsilon_1 \to 0$이다.

따라서

$$= F(x, y, y') \mid_{x = x_1} \delta x_1 + \varepsilon_1 \delta x_1 \tag{4.3}$$

보충설명 **평균치의 정리**

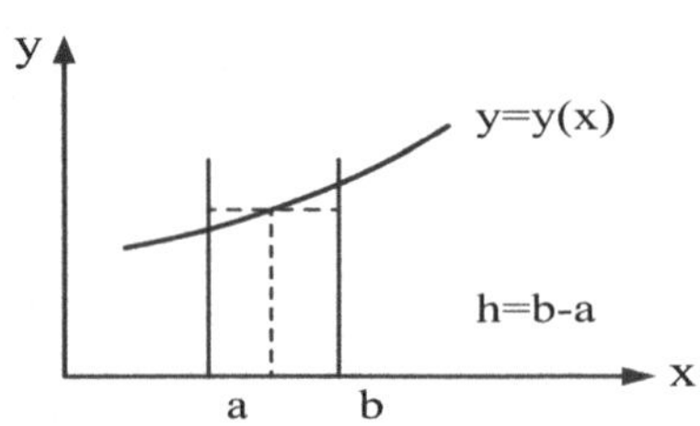

그림 4-4

$$\int_a^b f(x)dx = f(a+\theta h)h$$
$(0 < \theta < 1)$

평균 높이 : $f(a+\theta h)$

또한 식(4.2)의 두 번째 적분항을 살펴보면, Taylor 급수전개에 의해

$$\begin{aligned} &= \int_{x_0}^{x_1} (F_y \delta y + F_{y'} \delta y') dx \\ &= \left[F_{y'} \delta y\right]_{x_0}^{x_1} + \int_{x_0}^{x_1} (F_y - \frac{d}{dx} Fy') \delta y dx \end{aligned} \tag{4.5}$$

식(4.5)에서 우변 첫 항은

$$\left[F_{y'} \delta y\right]_{x_0}^{x_1} = \left[F_{y'} \delta y\right]_{x = x_1}$$

로 된다. 이는 끝점 (x_0, y_0)이 고정이므로, $\delta y\mid_{x = x_0} = 0$로 되기 때문이다. 그리고 우변 둘째항은 범함수의 값은 극치곡선에서만 취해지므로 Euler방정식이 성립해야만 한다. 즉

$$\int_{x_0}^{x_1} (F_y \delta y + F_{y'} \delta y') dx = \left[F_{y'} \delta y\right]_{x = x_1} \tag{4.6}$$

여기서 $\delta y\mid_{x = x_1}$은 y_1의 증분 δy_1과 의미가 다르다. δy_1은 자유인 끝점이 (x_1, y_1)에서 $(x_1 + \delta x_1, y_1 + \delta y_1)$으로 움직일 때의 y좌표의 변화이다. $\delta y\mid_{x = x_1}$은 하나의 극치곡선이 (x_0, y_0), (x_1, y_1)을 통과하는 것에서 (x_0, y_0), $(x_1 + \delta x_1, y_1 + \delta y_1)$을 통과하는 다른 것으로 변화 될 때, 점 $x = x_1$에서 생기는 이 극치곡선의 y좌표의 변화 (BD)이다. 그림 4.5로부터

$$BD = \delta y\mid_{x = x_1}, FC = \delta y_1, EC = y'(x_1)\delta x_1$$

이고, BD=FC-EC에서

$$\delta y\mid_{x = x_1} \approx \delta y_1 - y'(x_1)\delta x_1$$

이다.

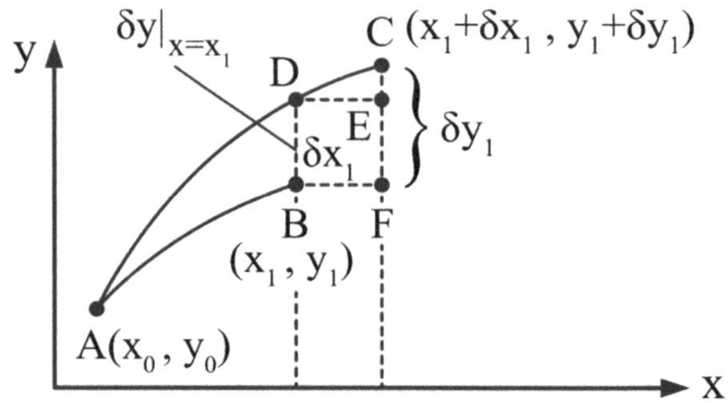

그림 4-5

δx_1에 대한 고차무한소를 무시하면

$$\delta y_1 \mid_{x=x_1} = \delta y_1 - y'(x_1)\delta x_1$$

그러므로 식(4.6)은

$$F_{y'} \mid_{x=x_1} (\delta y_1 - y'(x_1)\delta x_1)$$

이 되고, 변분 δv는 Δv의 선형 주요부 δv를 빼내면, 다음과 같이 된다.

$$\begin{aligned} \delta v &= F \mid_{x=x_1} \delta x_1 + F_{y'} \mid_{x=x_1} (\delta y_1 - y'(x_1)\delta x_1) \\ &= (F - y'F_{y'}) \mid_{x=x_1} \delta x_1 + F_{y'} \mid_{x=x_1} \delta y_1 \end{aligned} \tag{4.7}$$

극치에 대한 기본적인 필요조건은 $\delta v = 0$이므르, 아래의 식이 얻어진다.

$$(F - y'F_{y'}) \mid_{x=x_1} \delta x_1 + F_{y'} \mid_{x=x_1} \delta y_1 = 0 \tag{4.8}$$

보충설명 Taylor급수 전개의 공식

$$f(x+h, y+k) = f(x, y) + (h\frac{\partial}{\partial x} + k\frac{\partial}{\partial y})f(x, y)$$

$$+ \frac{1}{2!}(h\frac{\partial}{\partial x} + k\frac{\partial}{\partial y})^2 f(x, y)$$

$$+ \frac{1}{3!}(h\frac{\partial}{\partial x} + k\frac{\partial}{\partial y})^3 f(x, y) + ... + R_n$$

그러므로

$$f(x+h, y+k) - f(x, y) = h\frac{\partial f(x, y)}{\partial x} + k\frac{\partial f(x, y)}{\partial y} + R_1$$

식 (4.8)을 여러 경우에 대해 나누어 고찰하면, 다음과 같다.

(1) 변분 $\partial x_1, \partial y_1$이 독립이 아닌 경우

$$F - y' F_{y'} \mid_{x = x_1} = 0,\ F_{y'} \mid_{x = x_1} = 0 \tag{4.9}$$

이 두 식으로부터 x_1과 y_1이 구해진다. 따라서 C_1이 정해진다.

(2) 변분 $\delta x_1, \delta y_1$이 독립이 아닌 경우

예로 우단의 점$(x_{1,} y_1)$이 어느 곡선 $y_1 = \phi(x_1)$을 따라 움직이는 경우에

$$\delta y_1 \approx \phi'(x_1)\delta x_1$$

따라서

$$(F - y' F_{y'}) \mid_{x = x_1} \delta x_1 + F_{y'} \phi'(x) \mid_{x = x_1} \delta x_1 = 0$$

그러므로

$$(F - y' F_{y'}) \mid_{x = x_1} \delta x_1 = 0$$

이 경우는 δx_1은 임의로 변화할 수 있으므로, 다음과 같이 된다.

$$(F + (\phi' - y') F_{y'} \mid_{x = x_1} = 0 \tag{4.10}$$

식(4.10)을 양도성의 조건(transferability condition)이라 부르며, 이 조건과 $y_1 = \phi(x_1)$의 조건을 함께 이용하면, 극치곡선을 곡선군 $y = (x, C)$로부터 구별해 낼 수 있다.

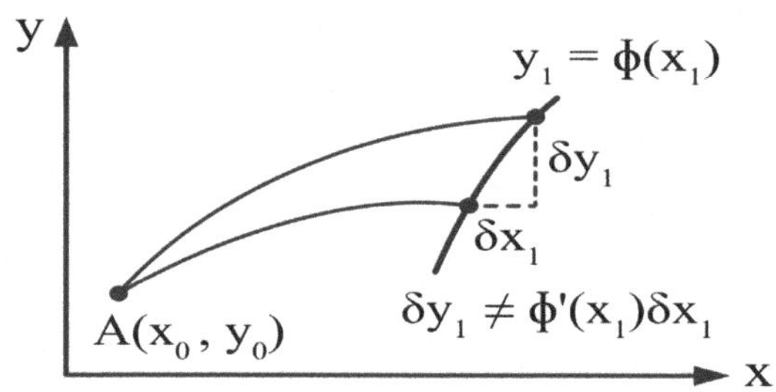

그림 4-6

[예제 4.1] 끝점 (x_1, y_1)이 수직선을 따라 움직이는 경우(그림 4.7), 즉 $y_1 = \phi(x_1) = x_1$ 그러므로 $\delta x_1 = 0$이 되고, 따라서 횡단성 조건식은 $F_{y'} \mid_{x = x_1} = 0$와 같이 된다.

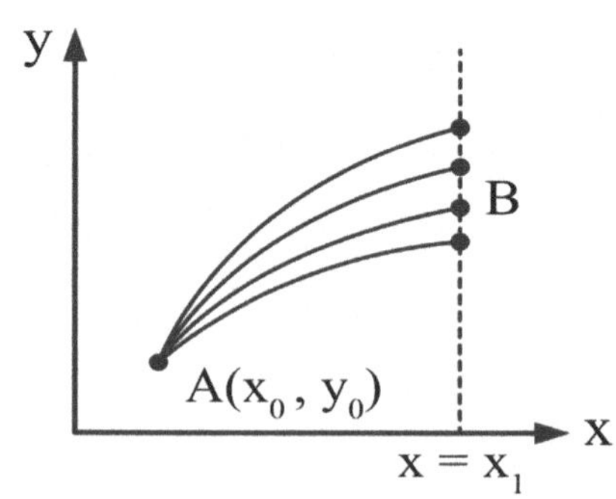

그림 4-7

[예제 4.2] 끝점 (x_1, y_1)이 수평선을 따라 움직이는 경우 (그림 4.8), 즉 $y_1 =$ 일정 그러므로 $\delta y_1 = 0$이 되고, 따라서 횡단성의 조건식은 $(F - y' F_{y'}) \mid_{x = x_1} = 0$ 와 같이 된다.

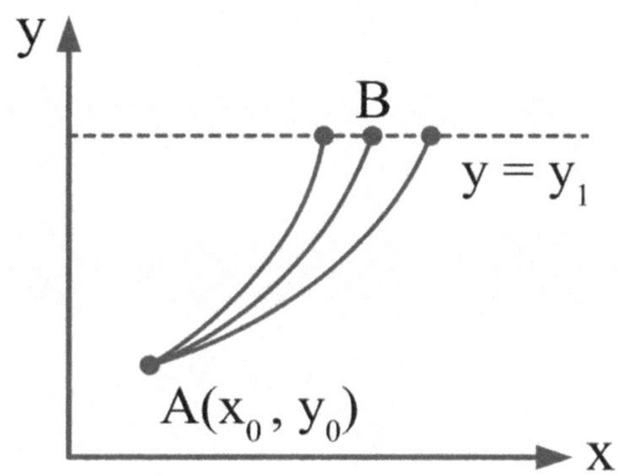

그림 4-8

(3) 끝점 (x_0, y_0)가 곡선 $y_0 = \phi(x_0)$를 따라 움직이는 경우

즉 앞에서와 마찬가지로

$$(F + (\phi' - y')F_{y'}) \mid_{x = x_0} = 0 \tag{4.11}$$

이는 좌측 끝점 (x_0, y_0)에 대한 횡단성의 조건을 나타낸다.

4.2 다변함수를 갖는 범함수의 변분

함수 $y(x)$가 1개가 아니고 n개 있을 경우, 범함수

$$v(y_1, y_2, \dots, y_n) = \int_{x_0}^{x_1} F(y_1, y_2, \dots, y_n, y_1', y_2', \dots, y_n')dx$$

가 극치를 취하는 함수 $y_1, y_2, \dots, y_n$ 을 구하는 문제이다.

여기서 간단한 경우로 n = 2 인 경우를 고찰하기 위해 $y_1 = y, y_2 = z$로 놓으면, 범함수는

$$v(y(x), z(x)) = \int_{x_0}^{x_1} F(x, y, z, y', z')dx \tag{4.12}$$

로 되며, 극치를 구할 때

① 끝점 $A(x_0, y_0, z_0)$가 고정이고, 끝점 $B(x_1, y_1, z_1)$가 움직이는 경우

② 끝점 A,B 모두 움직이는 경우

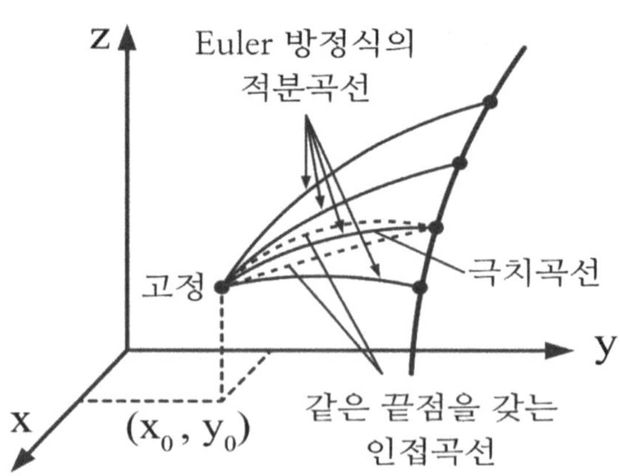

그림 4-9

$$\begin{bmatrix} F_y - \dfrac{d}{dx}F_{y'} = 0 \\ \\ F_z - \dfrac{d}{dx}F_{z'} = 0 \end{bmatrix} \tag{4.13}$$

어느 경우도 그 극치곡선은 Euler 방정식의 적분곡선에서만 얻어진다. 즉 그것은 그림 4.9에 나타내 극이 극치곡선 C와 같은 끝점을 갖는 인접곡선에 관해서도 $v(y(x), z(x))$는 C에서 극치를 취하므로 Euler 방정식이 성립하게 된다. 극치곡선 C는 고정경계점을 갖는 문제에 대한 극치이다. 그리고 일반해는 4개의 임의 정수 $(C_1 \sim C_4)$를 포함하고 있다. 이들은 고정단 $A(x_0, y_0, z_0)$의 좌표가 주어지고 $y_0 = y(x_0), z_0 = z(x_0)$이므로 2개의 정수를 정하기 위해서는 2개의 관계식이 필요하다. 이는 극치에 대한 기본적인 필요조건 $\delta v = 0$로부터 얻어진다. 범함수 $v(y(x), z(x))$의 변분 δv의 계산은 앞에서 다룬 것과 유사하므로 중간 과정을 생략하면 변분 δv는

$$\delta v = (F - y' F_{y'} - z' F_{z'}) \mid_{x=x_1} \delta x_1 + F_{y'} \mid_{x=x_1} \delta y + F_{z'} \mid_{x=x_1} \delta z_1 = 0 \tag{4.14}$$

식 (4.14)에서 다음의 두가지 경우를 고려할 수 있다.

(1) 만일 변분 $\delta x_1, \delta y_1, \delta z_1$이 독립인 경우

$$(F - y' F_{y'} - z' F_{z'}) \mid_{x=x_1} = 0,\ F_{y'} \mid_{x=x_1} = 0,\ F_{x'} \mid_{x=x_1} = 0$$

이 경우는

$$F \mid_{x=x_1} = 0,\ F_{y'} \mid_{x=x_1},\ F_{z'} \mid_{x=x_!} = 0 \tag{4.15}$$

로 되고, 이 3식으로부터 x_1, y_1, z_1 결정된다.

(2) 변분 $\delta x_1, \delta y_1, \delta z_1$이 독립이 아닌 경우

예로 끝점 $B(x_1, y_1, z_1)$가 어느 곡선 $y_1 = \phi(x_1)$, $z_1 = \phi(x_1)$으로 움직일 때

$$\delta y_1 \approx \phi^{'}(x_1)\delta x_1,\ \delta z_1 \approx \phi^{'}(x_1)\delta x_1$$

따라서

$$(F + (\phi^{'} - y^{'})F_{y^{'}} + (\phi^{'} - z^{'})F_{z^{'}}) \mid_{x = x_1} \delta x_1 = 0$$

이 경우 δx_1는 임의로 변화할 수 있으므로

$$(F + (\phi^{'} - y^{'})F_{y^{'}} + (\phi^{'} - z^{'})F_{z^{'}}) \mid_{x = x_1} = 0 \tag{4.16}$$

이 식은 범함수 $v(y(x), z(x))$의 극치를 결정하는 문제에 대한 횡단성의 조건이라 한다. 이 조건과 $y_1 = \phi(x_1)$, $z_1 = \phi(x_1)$을 함께 이용하면, Euler 방정식의 일반해에 포함된 정수 중 나머지 2개의 정수가 구해진다.

(3) 끝점 $B(x_1, y_1, z_1)$가 어느 곡면 $z_1 = \phi(x_1, y_1)$을 따라 움직이는 경우

미분적분학에서 $u = f(x, y)$의 전미분은

$$du = \frac{\partial f}{\partial x_1}dx + \frac{\partial f}{\partial y}dy \equiv \frac{\partial u}{\partial x}dx + \frac{\partial u}{\partial y}dy$$

로 표현되므로 dz_1은

$$dz_1 = \frac{\partial \phi}{\partial x_1}dx_1 + \frac{\partial \phi}{\partial y_1}dy_1$$

변분법에서 통상 dx_1, dy_1, dz_1을 각각 $\delta x_1, \delta y_1, \delta z_!$으로 쓰므로, 상기식은

$$\delta z_1 = \phi'_{x_1}\delta x_1 + \phi'_{y_1}\delta y_1$$

이를 필요조건에 대입하여, 정리하면

$$[F - y'F_{y'} - z'F_{z'} + \phi'_x F_{z'}]_{x=x_1}\delta x_1 + [F_{y'} + F_{z'}\phi'_y]_{x=x_1}\delta_{y_1} = 0$$

δx_1과 δy_1은 임의로 변화 하므로, 상기식으로부터 다음의 관계식이 얻어진다.

$$[F - y'F_{y'} + (\phi'_x - z')F_{z'}]_{x=x_1} = 0$$
$$[F_{y'} + F_{z'}\phi'_y]_{x=x_1} = 0 \tag{4.17}$$

이는 범함수 v에 대한 횡단성의 조건이다. 그러므로 윗식 2개와 $z_1 = \phi(x_1, y_1)$을 이용함으로써 2개의 임의 정수가 정해진다.

(4) 끝점 $B(x_1, y_1, z_1)$가 평면 $x_1 = x_1$을 따라 움직이는 경우

$\delta x_1 = 0$이므로

$$F_{y'}\mid_{x=x_1}\delta y_1 + F_{z'}\mid_{x=x_1}\delta z_1 = 0 \tag{4.18}$$

여기서 δy_1과 δz_1은 독립이므로, 다음식이 얻어진다.

4.22 함수가 n개인 경우

범함수가 n개의 변함수 $y_1, y_2, \cdots, y_n$을 갖는 경우

$$v(y_1, y_2, \dots, y_n) = \int_{x_0}^{x_1} F(x, y_1, y_2, \cdots, y_n, y'_1, y'_2, \dots, y'_n)dx \tag{4.19}$$

끝점은

$$A(x_0, y_{10}, y_{20}, \cdots, y_{n0})$$

$$B(x_1, y_{11}, y_{21}, \cdots, y_{n1})$$

이고, 이 경우는 $n=2$개의 변함수 $y(x), z(x)$의 경우에 대하여 구한 조건을 일반화 시키면 된다.

$$(F - \sum_{i=1}^{n} y_i' - F_{y_i'}) \mid_{x=x_1} \delta x_1 + \sum_{i=1}^{n} F_{y_i'} \mid_{x=x_1} \delta y_1 = 0 \tag{4.20}$$

4.3 고계도함수를 갖는 범함수의 변분

이 경우는 n계의 고계도함수를 포함하는 범함수

$$v(y(x)) = \int_{x_0}^{x_1} F(x, y, y', y'', \dots, y^n)dx \tag{4.21}$$

를 움직이는 경계를 갖는 경우의 극치를 조사하는 것이다. 단순화하기 위해 2계 도함수까지 만을 고려하여 설명을 한다. 3장에서 끝점의 함수값 및 1계 도함수의 값은 주어지는 것으로 가정하였다. 즉 4개의 조건

$$\begin{aligned} &y(x_0) = y_0, \ y(x_1) = y_1 \\ &y'(x_0) = y_0', y'(x_1) = y_1' \end{aligned} \tag{4.22}$$

이 4개의 조건 중에 어느 것이 변화할 때, 그 변분문제도 변화하게 되고, 이를 움직이는 경계를 갖는 문제라 한다. 움직이는 경계를 갖는 문제에 대해 어느 하나의 극치곡선 C가 있으면 극치곡선 C는 그것과 같은 끝점을 갖고, 그들 점에서 접선이 동일한 방향을 갖는 보다 제한된 곡선군 사이에 극치를 얻는다. 따라서 제 3장을 참조하여 극치곡선은 다음의 Euler-Poisson의 방정식을 만족한다.

Euler - poisson 방정식의 점 A,B에서 동일접선을 갖는다.

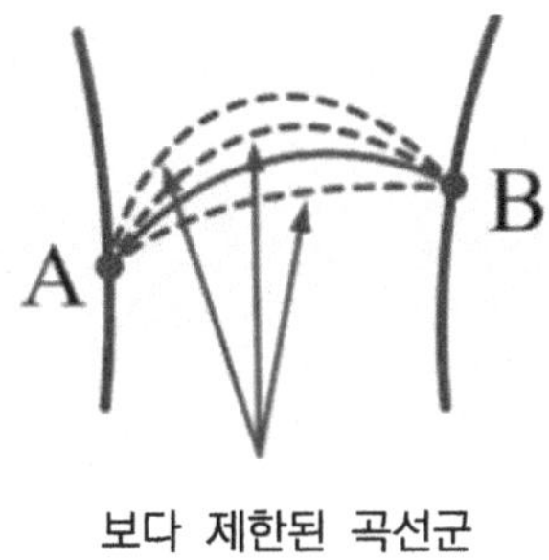

그림 4-10 그림 4-11

$$F_y - \frac{d}{dx}F_{y'} + \frac{d^2}{dx^2}F_{y''} = 0 \tag{4.23}$$

이 4계 미분방정식의 일반해 $y = y(x, C_1, C_2, C_3, C_4)$는 4개의 임의정수 C_1, C_2, C_3, C_4를 결정하는데는 4개의 부가적인 관계식이 필요하다. 이는 4개의 관계식은 범함수의 극치 대한 기본적인 필요조건 $\delta v = 0$로 얻어진다.

계산을 간단히 하기 위해 점 $A(x_0, y_0)$가 고정되었다면, $y(x_0) = y_0$, $y'(x_0) = y_0'$가 주어지고, 이 두 조건에 의해 임의정수 4개중 2개가 정해진다. 나머지 2개는 조건 $\delta v = 0$로부터 정해진다. 중간의 유도과정을 생략하면, 이는

$$\begin{aligned}&[F - y'F_{y'} - y''F_{y''} + y'\frac{d}{dx}(F_{y''})]_{x=x_1}\delta x_1 \\ &+ [F_{y'} - \frac{d}{dx}(F_{y''})]_{x=x_1}\delta y_1 + F_{y''}\mid_{x=x_1}\delta y_1' = 0\end{aligned} \tag{4.24}$$

이 되고, 만이 끝점 $A(x_0, y_0)$도 움직이는 경우에도 똑같은 방법으로 점 A에 대해서 같은 조건식이 얻어진다. 그리고 윗식의 여러조건을 고려하여 보면, 다음과 같이 설명된다.

(1) 변분 $\delta x_1, \delta y_1, \delta y_1^{'}$가 독립이면

$$[F - y^{'}F_{y^{'}} - y^{''}F_{y''} + y^{'}\frac{d}{dx}(F_{y^{''}})]_{x=x_1} = 0$$

$$[F_{y^{'}} - \frac{d}{dx}(F_{y^{''}})]_{x=x_1} = 0 \qquad (4.25)$$

$$F_{y''} \mid_{x=x_1} = 0$$

이 3식은 결국 하나의 조건

$$F_{y''} \mid_{x=x_1} = 0$$

로 된다. 따라서 이 식만으로는 2개의 정수를 결정하기에는 불충분하다.

(2) 변분 $\delta x_1, \delta y_1, \delta y_1^{'}$독립이 아닌 경우

$\delta y_1 = \phi^{'}(x_1)\delta x_1,\ \delta y_1^{'} = \phi^{'}(x_1)\delta x_1$ 를 조건식에 대입하면

$$[F - y^{'}F_{y^{'}} - y^{''}F_{y^{''}} + y^{'}\frac{d}{dx}(F_{y^{''}}) + (F_{y^{'}} - \frac{d}{dx}F_{y^{''}})\phi^{'} + F_{y^{''}}\phi^{'}]_{x=x_1} = 0 \quad (4.26)$$

이 식은 $y_1 = \phi^{'}(x_1),\ y^{'} = \phi^{'}(x_1)$과 함께 사용하여 $x_1, y_1, y_1^{'}$의 값을 결정하기 에 충분하다.

(3) $x_1, y_1, y_1^{'}$가 하나의 방정식 $\phi(x_1, y_1, y_1{'}) = 0$로 연결된 경우

이때는 $\phi(x_1, y_1, y_1{'}) = 0$의 전미분은 다음과 같다.

$$\frac{\partial \phi}{\partial x_1}dx_1 + \frac{\partial \phi}{\partial y_1}dy_1 + \frac{\partial \phi}{\partial y_1^{'}}dy^{'} = 0$$

여기서 dx_1, dy_1, dy_1'를 $\delta x_1, \delta y_1, \delta_{y'}$로 쓰면 δx_1과 δy_1은 임의로 변환 가능하므로, 이를 조건식에 대입, 정리하면

$$F - y'F_{y'} - y''F_{y''} + y'\frac{d}{dx}(F_{y''}) - F_{y''}\frac{\phi_{x'}}{\phi_{y'}} = 0$$
$$F_{y'} - \frac{d}{dx}(F_{y''}) - F_{y''}\frac{\phi_{y'}}{\phi_{y'}'} \mid_{x = x_1} = 0 \tag{4.27}$$

이 조건식은

$$\phi(x_1, y_1, y_1') = 0$$

와 함께 사용하여 x_1, y_1, y_1'의 값을 결정할 수 있다.

[예제 4.3] 다음 범함수의 극치를 조사하시오.

$$v(y(x)) = \int_0^1 (1 + y'')dx \tag{1}$$

경계조건으로 좌단은 고정 $y(0) = 0,\ y'(0) = 1$, 우단은 $y(1) = 0,\ y'(1)$는 변화할 수 있다.

[해] Euler - Poisson 방정식

$$F_y - \frac{d}{dx}F_{y'} + \frac{d^2}{dx^2}F_{y''} = 0$$

에 대입하면, 식은 다음과 같이 된다.

$$\frac{d^2}{dx^2}(2y'') = 0$$

즉 $y^{IV} = 0$이고, 일반해는

$$y = C_1 + C_2x^1 + C_3x^2 + C_4x^3$$

이고, $C_1 \sim C_4$를 계산하기위해 경계조건을 이용하면

$$y(0)=0 \rightarrow C_1=0$$
$$y'(0)=0 \rightarrow C_2=0$$
$$y(1)=0 \rightarrow C_3+C_4=0$$

따라서

$$y=x+C_3x^2-C_3x^3$$

우단 B는 $\delta x_1=0,\ \delta y_1=0,\ \delta y'$이 임의이므로, 기본적인 필요조건은

$$F_{y''}\mid_{x=x_1}=0$$

이다. 따라서

$$F_{y''}\mid_{x=x_1}\equiv y''(1)=2C_3-6C_3=0 \rightarrow C_3=0$$

따라서 극치는 직선 $y=x$에서 생기는 것이 가능하다.

Euler와 역학

동역학을 확립한 것은 말할 것도 없이 Newton이지만, 그의 저서 「Principia」의 서술이 기하학적인 형식이어서 독자들을 이해하기 어렵게 하였다. Leonhard Euler(1707 -1783)는 이것을 지적하고 다음과 같이 설명하였다. 「해석학이 어딘가에 필요하다 고 하면 특히 역학이야말로 그것을 필요로 하는 분야일 것이다. 독자는 표시된 명제 (題)의 진리인 것을 믿고는 있으나 충분히 명확하면서도 정확히 그들 명제를 이해 할 수 없다. 따라서 해석학에 의지하지 않고 해석적 방법에 의해 풀리지 않는다면 같은 문제를 아주 조금 바꾼 것만으로 독자는 그것을 스스로 풀 수 없을 것이다.」

이것은 그 자신의 체험에 기초한 것이라고 한다. 그래서 Euler는 증명을 해석적인 것 으로 다시 쓰는 일에 착수하여, 그의 「역학」이 「해석역학적으로 제시된 운동의 과학」이라는 부제를 붙여 1736년에 간행되었다. 이것은 질점의 동역학을 취급한 것이다. 그는 이전부터 질점, 강체, 탄성체, 유체질점계등 모든 범위에 걸친 역학이론의 구축을 계획하고 있었고, 그 후 비점성유체의 흐름에 관한 기초방정식(Euler 방정식)의 유도(1755년), 관성모멘트, 순간회전축의 개념을 도입하여 강체의 역학을 만드는 등 (1760년)의 많은 업적을 남기었다.

Chapter 5

구속조건을 갖는 변분문제

범함수 v의 변함수인 함수 y(x)에 어느 부가적인 구속조건이 주어질 때, v의 극치를 구하는 문제이다. 이러한 극치를 구속조건을 갖는 극치라 부른다.

5.1 $\phi(x, y_1, y_2, \cdots, y_n) = 0$형의 구속

범함수

$$v(y_1, y_2, \cdots, y_n) = \int_{x_0}^{x_1} F(x, y_1, y_2, \cdots, y_n, y'_1, y'_2, \cdots, y'_n)dx \tag{5.1}$$

의 극치를 부가조건

$$\begin{aligned} \phi_1(x, y_1, y_2, \cdots, y_n) &= 0 \\ \phi_2(x, y_1, y_2, \cdots, y_n) &= 0 \\ &\cdots\cdots\cdots\cdots \\ \phi_m(x, y_1, y_2, \cdots, y_n) &= 0\,(m < n) \end{aligned} \tag{5.2}$$

하에서 조사하는 문제이다.

이를 조사하기 위해 먼저 통상의 함수 $z = f(x_1, x_2, \cdots, x_n)$의 극치를 구속조건

$$\phi_i(x_1, x_2, \cdots, x_n) = 0,\ (i = 1, 2, \cdots, m, m < n) \tag{5.3}$$

하에서 구하는 유사한 문제의 해법에 대해 설명한다.

5.1.1 유사문제의 해법

(1) (방법 I) 독립인 연립방정식이 m개의 구속 조건식

$$\phi_i(x_1, x_2, \cdots, x_n) = 0, \ (i = 1, 2, \cdots, m) \tag{5.4}$$

을 n개 변수중 m개, 예로 처음의 m개의 변수 $x_1, x_2, \cdots, x_m$에 대하여 풀면

$$\begin{aligned} x_1 &= x_1(x_{m+1}, x_{m+2}, \cdots, x_n) \\ x_2 &= x_2(x_{m+1}, x_{m+2}, \cdots, x_n) \\ &\cdots\cdots\cdots\cdots \\ x_m &= x_m(x_{m+1}, x_{m+2}, \cdots, x_n) \end{aligned} \tag{5.5}$$

이 식은 나머지 변수 $x_{m+1}, x_{m+2}, \cdots, x_n$으로 표현된다. 그러므로 독립적으로 변하는 변수는 $\partial(n-m)$개의 변수로 된다.

식(5.5)의 관계를 $f(x_1, x_2, \cdots, x_n)$에 대입하므로서 함수 f는 (n - m)개의 독립변수 $x_{m+1}, x_{m+2}, \cdots, x_n$ 의 함수

$$z = \phi(x_{m+1}, x_{m+2}, \cdots, x_n) = 0 \tag{5.6}$$

로 된다. 따라서

$$\frac{\partial z}{\partial x_i} = 0, \ (i = m+1, m+2, \cdots, n) \tag{5.7}$$

최초의 구속조건을 갖는 함수 f의 극치를 구하는 문제는, 구속조건이 없는 보통의 함수 ϕ의 극치를 구하는 문제로 변환된다.

(2) (방법 II) Lagrange 곱수법(Lagrange method of multipliers)

$f(x_1, x_2, \cdots, x_n)$가 극치를 취하는 경우, 다음 식이 성립한다.

$$df = \sum_{i=1}^{n} \frac{\partial f}{\partial x_i} dx_i = 0 \tag{5.8}$$

그러나 n개의 변수는 독립이 아니고, m개의 구속조건식 때문에 단지 (n - m)개의 변수만이 독립이다. 또 미분 dx_i는 m개의 구속조건식을 만족해야만 한다. 즉

$$\sum_{i=1}^{m} \frac{\partial \phi_j}{\partial x_i} dx_i = 0 (j = 1, 2, \cdots, m) \tag{5.9}$$

식(5.9)에 λ_j를 곱하고 j에 대해 1부터 m까지 더하고, 식(5.8)과 합하면

$$\sum_{i=1}^{n} (\frac{\partial f}{\partial x_i} + \sum_{j=1}^{m} \lambda_i \frac{\partial \phi_j}{\partial x_i} dx_i = 0 \tag{5.10}$$

이 식은 임의의 $\lambda_{1,} \lambda_2, \cdots, \lambda_m$ 및 독립인 (n-m)개의 미분 dxi의 임의 값에 대해 성립한다. 이를 전개하면

$$\begin{aligned} &(\frac{\partial f}{\partial x_1} + \lambda_1 \frac{\partial \phi_1}{\partial x_1} + \lambda_2 \frac{\partial \phi_2}{\partial x_1} + \cdots + \lambda_m \frac{\partial \phi_m}{\partial x_1}) dx_1 \\ &+ (\frac{\partial f}{\partial x_2} + \lambda_1 \frac{\partial \phi_1}{\partial x_2} + \lambda_2 \frac{\partial \phi_2}{\partial x_2} + \cdots + \lambda_m \frac{\partial \phi_m}{\partial x_2}) dx_2 \\ &+ \cdots\cdots\cdots\cdots\cdots\cdots \\ &(\frac{\partial f}{\partial x_n} + \lambda_1 \frac{\partial \phi_1}{\partial x_n} + \lambda_2 \frac{\partial \phi_2}{\partial x_n} + \cdots + \lambda_m \frac{\partial \phi_m}{\partial x_n}) dx_n = 0 \\ &+ \end{aligned} \tag{5.11}$$

여기서 n개의 괄호중 m개의 표현식이 0가 되도록, $\lambda_1, \lambda_2, \cdots, \lambda_m$을 선정하는 것으로 한다. 그때 나머지 (n - m)개의 미분치는 임의이므로, 남아있는 (n - m)개의 괄호의 표현식도 0이 되어야 한다. 따라서 극치에 대한 필요조건은

$$\begin{aligned} &\phi_j(x_1, x_2, x_3, \cdots, x_n) = 0, \ (j = 1, 2, \cdots, m) \\ &\frac{\partial f}{\partial x_i} + \sum_{j=1}^{m} \lambda_j \frac{\partial \phi_j}{\partial x_i} = 0, (i = 1, 2, \cdots, n) \end{aligned} \tag{5.12}$$

(n + m)개의 연립방정식은 (n + m)개의 미지수 $x_1, x_2, \cdots, x_n; \lambda_1, \lambda_2, \cdots, \lambda_m$에 대해 푸는 것이 가능하다.

연립방정식 (5.12)는 또 다음과 같이 하여도 얻을 수 있다.

$$F(x_1, x_2, \cdots, x_n, \lambda_1, \lambda_2, \cdots, \lambda_m) = f(x_1, x_2, \cdots, x_n) + \sum_{j=1}^{m} \lambda_j \phi_j (x_1, x_2, \cdots, x_n) \quad (5.13)$$

과 같은 함수 F를 만들고, 이를 (n + m)개의 변수 $x_1, x_2, \cdots, x_n; \lambda_1, \lambda_2, \cdots, \lambda_m$ 에 대해서 편미분하고 0로 놓는다. 즉,

$$\frac{\partial F}{\partial x_i} = 0, \ (i = 1, 2, \cdots, n)$$
$$\frac{\partial F}{\partial \lambda_j} = 0, \ (j = 1, 2, \cdots, m) \quad (5.14)$$

상기 식은 연립방정식 (5.12)와 마찬가지 이다. 이 방법을 Lagrange 곱수법이라한다.

[예제 5.1] 구속조건

$$a_1 x_1 + a_2 x_2 + \cdots + a_n x_n = 1$$

에서 함수

$$f = x_1^2 + x_2^2 + \cdots + x_n^2$$

의 극소치를 구하시오. 물론 여기서 $a_1^2 + a_2^2 + \cdots + a_n^2 > 0$이다.

[해] $F(x_1, x_2, x_n, \lambda) =$

$$x_1^2 + x_2^2 + \cdots + x_n^2 + \lambda(a_1 x_1 + a_2 x_2 + \cdots + a_n x_n - 1)$$

n변수에 대한 편도함수는

$$\frac{\partial F}{\partial x_1} = 2x_1 + \lambda a_1 = 0, \ \frac{\partial F}{\partial x_2} = 2x_2 + \lambda a_2 = 0,$$
$$\cdots, \frac{\partial F}{\partial x_n} = 2x_n + \lambda a_n = 0$$

따라서

$x_1 = -\lambda a_1/2,\ x_2 = -\lambda a_2/2,\ \cdots,\ x_n = -\lambda a_n/2$

$$a_1 x_1 + a_2 x_2 + \cdots + a_n x_n = -\frac{\lambda}{2}(a_1^2 + a_2^2 + \cdots + a_n^2) = 1$$

즉 파라메터 λ는 다음과 같이 정해진다.

$$\lambda = -\frac{2}{a_1^2 + a_2^2 + \cdots + a_n^2}$$

$$x_j = \frac{a_j}{(a_1^2 + a_2^2 + \cdots + a_n^2)}$$

이에 대응하는 $f = x_1^2 + x_2^2 + \cdots + x_n^2$의 값은

$$f = \sum_{j=1}^{n} x_j^2 = \frac{a_1^2 + a_2^2 + \cdots + a_n^2}{(a_1^2 + a_2^2 + \cdots + a_n^2)^2} = \frac{1}{a_1^2 + a_2^2 + \cdots + a_n^2}$$

[예제 5.2] 평면 $x + y + z = 1$과 타원체 $16x^2 + 4y^2 + z^2 = 16$의 교차선에 의해 만들어진 타원원주상에서 z의 최대치와 최소치를 구하시오.

[해] 이는 두 개의 구속조건

$$g_1(x,y,z) = x + y + z - 1 = 0$$

$$g_2(x,y,z) = 16x^2 + 4y^2 + z^2 - 16 = 0$$

하에서 함수 f(x,y,z) = z의 극치를 구하는 것으로

$$\frac{\partial F}{\partial z} = 1 + \lambda_1 + 2\lambda_2 z = 0$$

$$\frac{\partial F}{\partial y} = \lambda_1 + 8\lambda_2 y = 0$$

$$\frac{\partial F}{\partial x} = \lambda_1 + 32\lambda_2 z = 0$$

$$x + y + z - 1 = 0$$

$$16x^2 + 4y^2 + z^2 - 16 = 0$$

의 5개의 식을 미지수 x,y,z, λ_1, λ_2에 대해 풀면 된다.
직접 푸는 것 외에 다음 사항을 주목하면, 즉 식(2)와 식(3)은 y = 4x 이면 양립한다. (단 조건 (1)이 있으므로 $\lambda_1 = \lambda_2 = 0$ 는 제외로 한다.) y = 4x를 식(4)에 대입하면 x = (1 - z) / 5가 되고 식(5)는 z의 항으로 다음과 같이 나타난다.

$$\frac{16(1-z)^2}{25} + \frac{(4)(16)(1-z)^2}{25} + z^2 - 16 = 0$$

이를 간단히 하면

$$21z^2 - 32z - 64 = 0$$

따라서 z의 최대치와 최소치는 각각 8/3 - 8/7 이다.

5.1.2 변분문제에의 확장

지금까지 설명한 방법이 변분문제에 대해서 동일하게 적용할 수 있다.

(1) (방법 I) 연립방정식

$$\begin{aligned} &\phi_1(x; y_1, y_2, \cdots, y_n) = 0 \\ &\phi_2(x; y_1, y_2, \cdots, y_n) = 0 \\ &\cdots\cdots\cdots \\ &\phi_m(x; y_1, y_2, \cdots, y_n) = 0, (m < n) \end{aligned} \tag{5.15}$$

을 $y_1, y_2, \cdots, y_m$(또는 y_1 중 어느 것이나 다른 m개 함수)에 대해 푼다.

즉

$$\begin{aligned} y_1 &= y_1(x; y_{m+1}, y_{m+2}, \cdots, y_n) \\ y_2 &= y_2(x; y_{m+1}, y_{m+2}, \cdots, y_n) \\ &\cdots\cdots\cdots \\ y_m &= y_m(x; y_{m+1}, y_{m+2}, \cdots, y_n) \end{aligned} \tag{5.16}$$

이 식을 범함수 $v(y_1, y_2, \cdots, y_n)$에 대입하면, 범함수 w가 얻어진다.

$$
\begin{aligned}
&w(y_{m+1}, y_{m+2}, \cdots, y_n) \\
&= \int_{x_0}^{x_1} F(x; y_{m+1}, y_{m+2}, \cdots, y_n, y'_{m+1}, y'_{m+2}, \cdots, y'_n)dx
\end{aligned} \tag{5.17}
$$

이 범함수의 극치를 조사하는 것은 앞장에서 설명한 방법을 이용하면 된다.

(2) (방법 II) Lagrange곱수법

Lagrange곱수법을 이용하면 방법 I보다 편리하게 구할 수 있다. 즉 통상의 함수

$$z = f(x_1, x_2, \cdots, x_n) \tag{5.18}$$

를 구속조건

$$\phi_i(x_1, x_2, \cdots, x_n) = 0, (i = 1, 2, \cdots, m) \tag{5.19}$$

하에서 극치를 조사할 때는 정수의 곱수를 λ_1로 하고, 보조적인 함수

$$z^* = f + \sum_{i=1}^{m} \lambda_i \phi_i \tag{5.20}$$

를 고려하여 함수 z*의 보통의 극치를 구하는 것에 귀착된다. 그러므로 연립방정식

$$z^* = f + \sum_{i=1}^{m} \lambda_i \phi_i \tag{5.20}$$

$$
\begin{aligned}
&\frac{\partial z^*}{\partial \lambda_i} = \phi_i = 0, \ (i = 1, 2, \cdots, m) \\
&\frac{\partial z^*}{\partial x_i} = 0, \ (j = 1, 2, \cdots, n)
\end{aligned} \tag{5.21}
$$

식의 수가 (m + n)개로서, 미지량이 $x_1, x_2, \cdots, x_n$ 및 $\lambda_1, \lambda_2, \cdots, \lambda_m$ 의 (m+n)개이므로 구하는 것이 가능하다.

범함수

$$v(y_1, y_2, \cdots, y_n) = \int_{x_0}^{x_1} F(x; y_1, y_2, \cdots, y_n, y'_1, y'_2, \cdots, y'_n)dx \tag{5.22}$$

의 극치를 구속조건

$$\phi_i(x; y_1, y_2, \cdots, y_n) = 0, \ (i = 1, 2, \cdots, m) \tag{5.23}$$

하에서 구하는 문제에 Lagrange 방법을 이용한다.

우선

$$v^* = \int_{x_0}^{x_1} (F + \sum_{i=1}^{m} \lambda_i(x)\phi_i)dx \tag{5.24}$$

$$F^* = F + \sum_{i=1}^{m} \lambda_i(x)\phi_i \tag{5.25}$$

로 놓고, 범함수의 통상의 극치를 구하는 것이 된다. 즉 다음의 Euler 방정식을 풀어야만 한다.

$$\begin{aligned} F^*_{y1} - \frac{d}{dx}F^*_{y'1} &= 0 \\ F^*_{y2} - \frac{d}{dx}F^*_{y'2} &= 0 \\ &\cdots\cdots\cdots\cdots \\ F^*_{yn} - \frac{d}{dx}F^*_{y'n} &= 0 \end{aligned} \tag{5.27}$$

그리고 구속조건식

$$\begin{aligned} &\phi_1(x; y_1, y_2, \cdots, y_n) = 0 \\ &\phi_2(x; y_1, y_2, \cdots, y_n) = 0 \\ &\cdots\cdots\cdots\cdots\cdots\cdots \\ &\phi_m(x; y_1, y_2, \cdots, y_n) = 0 \end{aligned}$$

즉 Euler 방정식 n개와 구속조건식 m개를 연립시켜 $y_1, y_2, \cdots, y_n$ 및 $\lambda_1, \lambda_2, \cdots, \lambda_m$ 을 구하는 것이 된다. 단 구속조건의 방정식

$$\phi_i(x, y_1, y_2, \cdots, y_n) = 0, (i = 1, 2, \cdots, m)$$

은 독립이라고 가정한다. 즉 차수 m의 jacobi 행렬식 (Jacobian), 예로

$$\frac{D(\phi_1, \phi_2, \cdots, \phi_m)}{D(y_1, y_2, \cdots, y_m)} = \begin{vmatrix} \frac{\partial\phi_1}{\partial y_1} & \frac{\partial\phi_1}{\partial y_2} & \cdots & \frac{\partial\phi_1}{\partial y_m} \\ \frac{\partial\phi_1}{\partial y_1} & \frac{\partial\phi_1}{\partial y_2} & \cdots & \frac{\partial\phi_2}{\partial y_m} \\ \cdots & \cdots & \cdot & \cdots \\ \frac{\partial\phi_m}{\partial y_1} & \frac{\partial\phi_m}{\partial y_2} & \cdots & \frac{\partial\phi_m}{\partial y_m} \end{vmatrix} \neq 0$$

이 존재하는 것으로 가정한다.(증명은 생략)

[예제 5.3] Ostrogradski - Hamilton 원리를 이용하여 질량 $m_i(i = 1, 2, \cdots, n)$을 갖는 질점계의 운동방정식을 유도하시오. m_i의 좌표는 (, m_i에 작용하는 힘은 포텐셜 함수 V를 갖는다. 좌표 x_i, y_i, z_i)와 시간 t는 구속조건

$$\begin{aligned} &\phi_j(t; x_1, x_2, \cdots, y_n, z_1, z_2, \cdots, z_n) = 0 \\ &(j = 1,2,\cdots, m)\,(m < 3n) \end{aligned} \tag{1}$$

에 따르는 것으로 한다.

이는 진자를 고정점 0을 통하는 연직면에 한정하지 않고 흔들리도록 한 경우로서, 질량 m이 중력의 작용을 받고 반경 l의 고정구면상에 구속되어 운동하는 경우로 구면진자라 한다.

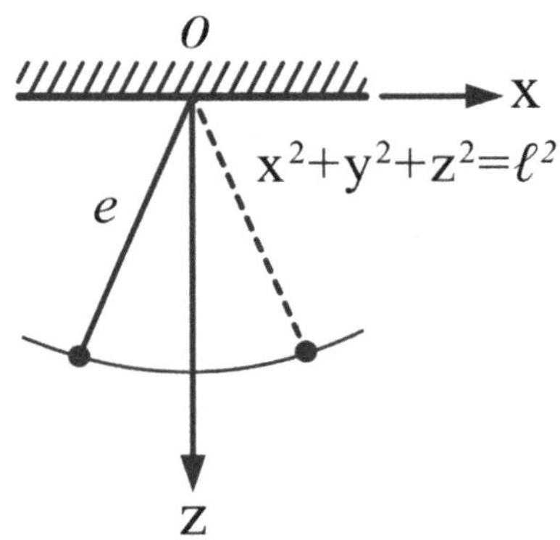

그림 5-1

[해] Ostrogradski - Hamilton 적분

$v = \int_{t_0}^{t_1}(T - V)dt$

는 다음과 같이 된다.

$$v = \int_{t_0}^{t_1}\left(\frac{1}{2}\sum_{i=1}^{n} m_i(x_i^2 + y^2{}_i + z^2{}_i) - V\right)dt \tag{2}$$

그리고 보조적인 범함수는

$$\begin{aligned} v^* &= \int_{t_0}^{t_1}\left(T - V + \sum_{j=1}^{m}\lambda_i(t)\phi_j\right)dt \\ &= \int_{t_0}^{t_1} F^* dt \end{aligned} \tag{3}$$

이다. 운동방정식은 범함수 v^*의 Euler 방정식이고, 이들은 다음과 같은 형이 된다.

x_i에 대해서는

$$F^*{}_{\xi} - \frac{d}{dt}F^*{}_{x_i} = 0$$

이는

$$-\frac{\partial V}{\partial x_i} + \sum_{j=1}^{m}\lambda_j(t)\frac{\partial \phi_j}{\partial x_i} - \frac{d}{dt}(m\dot{x}_i) = 0$$

그러므로 운동방정식은

$$m_i x_i = -\frac{\partial V}{\partial x_i} + \sum_{j=1}^{m} \lambda_j(t) \frac{\partial \phi_j}{\partial x_i} - \frac{d}{dt}(m\dot{x}_i) = 0 \tag{4}$$

동일한 방법으로 y_i, z_i 에 대해서 풀면

$$\begin{aligned} m_i \ddot{y}_i &= -\frac{\partial V}{\partial x_i} + \sum_{j=1}^{m} \lambda_j(t) \frac{\partial \phi_j}{\partial x_i} \\ m_i \ddot{z}_i &= -\frac{\partial V}{\partial z_i} + \sum_{j=1}^{m} \lambda_j(t) \frac{\partial \phi_j}{\partial z_i} (i = 1, 2, \cdots, n) \end{aligned} \tag{5}$$

구속조건식

$$\phi_j = 0\,(j = 1, 2, \cdots, m)$$

따라서 3n개의 운동방정식과 m개의 구속조건식의 연립방정식으로부터 미지 함수 $\lambda_j(j=1,2, \cdots, m)'$, $x_i, y_i, z_i\,(i = 1, 2, \cdots, n)$ 가 구하여진다.

5.2 $\phi(x, y_1, y_2, \cdots, y_n, y'_1, y'_2, \cdots, y'_n) = 0$형의 구속

앞절에서는 유한한 형의 구속조건

$$\phi_1(x; y_1, y_2, \cdots, y_n) = 0\,(i = 1, 2, \cdots, m)$$

하에서 극치를 구하는 문제를 고려하였다. 여기에서는 구속조건이 미분방정식

$$\phi_1(x; y_1, y_2, \cdots, y_n, y'_1, y'_2, \cdots, y'_n) = 0, (i = 1, 2, \cdots, m) \tag{5.31}$$

으로 표현되는 경우에 대해 생각한다. 이 경우 범함수 v의 구속조건을 고려한 극치는 범함수 v^*, 즉

$$v^* = \int_{x_0}^{x_1} (F + \sum_{i=1}^{m} \lambda_i(x)\phi_i) dx = \int_{x_0}^{x_1} F^* dx \tag{5.32}$$

$$F^* = F + \sum_{i=1}^{m} \lambda_i(x)\phi_i \tag{5.33}$$

의 통상의 극치를 제공하는 곡선(즉 Euler 방정식의 해)에 연해서만 생긴다고 하는 미정계수의 원리를 증명할 수 있으나, 이것은 앞절의 유한형태의 구속조건에 대한 것보다 매우 복잡하고 증명은 생략한다.

Chapter 6

변분문제의 직접해법

지금까지는 주어진 변분문제를 풀기위하여, 그 필요조건으로 Euler 방정식을 구하고, 이것을 푸는 것에 의해 변분문제의 해를 구하였다. 그러나 이는 불편한 방법으로, 미분방정식이 매개역할을 하였다. 이 장에서는 변분문제를 직접 푸는 방법을 고려한다. 이는 W. Ritz에 의해 1908년 Journal f.d.reineu. ang ,Math Bd 135에 발표된 것으로, 공학적인 측면에서 지극히 새로운 현상이다.

6.1 직접해법(direct method)

변분문제에서는

① Euler 방정식, Euler - Poisson 방정식 등과 같은 상미분 방정식

② Ostrongradsky 방정식과 같은 편미분 방정식

을 풀지 않으면 안되나, 쉽게 적분이 가능한 것은 단지 예외적인 경우만이다. 따라서 이러한 문제를 풀기 위한 방법 즉, 변분문제를 직접 푸는 방법을 찾는 것이 중요한다.

6.1.1 직접해법의 기본적인 설명

① 범함수 $v(y(x))$에 극치를 제공하는 함수 $y(x)$를 구하는 변분문제 (최초의 변분문제)

② 유한개의 변수 $a_1,\ a_2, \cdots, a_n$을 갖는 통상 함수 $a_1,\ a_2, \cdots, a_n$의 극치를 구하는 문제로 바꾸고, $n \to \infty$의 극한 과정을 수행하여 최초의 변분문제 해를 얻는다.

③ 유한개의 변수를 갖는 통상 함수의 극치를 구하는 문제는 보통의 방법으로 풀리고, 그로부터 $n \to \infty$의 극한 과정을 수행하여 최초의 변분문제 해를 얻는다.

범함수 $v(y(x))$로서 허용되는 함수 $y(x)$를 다음과 같이 고려할 수 있다.

① 멱급수 ; $y(x)=a_0+a_1x+a_2x^2+\ldots+a_nx^n$

② Fourier 급수 : $y(x)=\dfrac{a_0}{2}+\sum_{i=1}^{\infty}(a_n\cos n\pi+b_n\sin n\pi)$

③ 기저 함수 $\{\phi_n\}$에 의한 전개 : $y(x)=a_1\phi_1(x)+a_2\phi_2(x)+\ldots+a_n\phi_n(x)+\ldots$

이들 급수는 수렴하여 $y(x)$를 나타낼 수 있다고 가정한다. 일반적인 형 (3)으로 표현되는 함수 $y(x)$를 결정하기에는 계수 $a_1, a_2, \cdots, a_n, \cdots$에 의해 완전히 결정된다. 즉, $a_1, a_2, \cdots, a_n, \cdots$의 함수이다.

$$v(y(x))=\phi(a_1, a_2, \cdots, a_n, \cdots)$$

6.1.2 직접해법의 종류

(1) 유한 차분법 (finite difference method)에 의한 방법

L. Euler가 변분법 연구의 초기에 이용하였으나, 그 후 그다지 적용되지 않았다. 지난 60여년 간 L.A Routhternic, I.G Petropski 등에 의해 성공리에 부활 되었다.

(2) Ritz의 방법

N.M. Krylov, N,N. Bogoliubov 등의 여러 사람들에 의해 발전된 이 방법은 변분원리로부터 파생되어 여러 종류의 변분문제, 특히 경계치문제, 탄성론에 나오는 변분문제를 푸는 근사해법중의 하나로 널리 이용된다.

(3) Galerkin의 방법

본질적으로 Ritz의 방법과 다르지 않으나, 실 계산의 경우에 편리하도록 한 방법이다.

(4) Kantorovich의 방법

L. V Kantorovich에 의해 발전된 방법으로

$$v(z(x, y)) = \iint_D F(x, y, z, \frac{\partial z}{\partial x}, \frac{\partial z}{\partial y}) dx dy$$

등과 같이 수개의 독립변구를 갖는 함수에 의존하는 범함수에 적용된다. Ritz의 방법이 이용되는 영역까지 점점 폭넓게 이용되고 있다.

6.2 유한차분에 의한 방법

범함수

$$v(y(x)) = \int_{x_0}^{x_1} F(x, y, y') dx \tag{6.1}$$

경계조건

$$y(x_0) = a, y(x_1) = b \tag{6.2}$$

를 차분(finite difference)

$$\sum_{i=0}^{m} F(x_i, y_i, \frac{y_{i+1} - y_i}{\Delta x}) \Delta x \tag{6.3}$$

로 근사적으로 바꾸고, 이것을 극치로 하도록 y_i 등의 미지량을 정하는 방법이다. 이 방법에 대해 구체적으로 성명하면 아래의 순서와 같이 구할 수 있다.

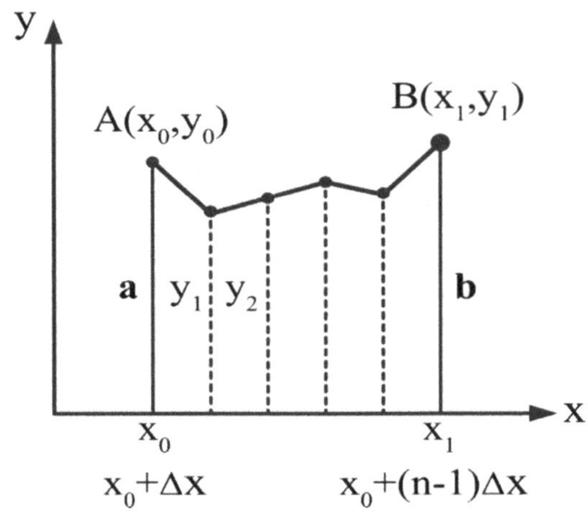

그림 6-1

① 구간 (x_0, x_1)을 n등분한다.

$$\Delta x = \frac{(x_1 - x_0)}{n} \tag{6.4}$$

② 범함수 $v(y(x))$는 $y_1, y_2, \cdots, y_{n-1}$의 함수로 된다. 즉,

$$v(y(x)) = \phi(y_1, y_2, \cdots, y_{n-1}) \tag{6.5}$$

따라서 $y_1, y_2, \cdots, y_{n-1}$이 정해지면, 선 AB는 완전히 결정된다.

③ 통상의 함수 $\phi(y_1, y_2, \cdots, y_{n-1})$가 극치를 갖도록 $y_1, y_2, \cdots, y_{n-1}$을 선택한다. 즉,

$$\frac{\partial\phi}{\partial y_1} = 0,\ \frac{\partial\phi}{\partial y_2} = 0,\ \cdots,\ \frac{\partial\phi}{\partial y_{n-1}} = 0 \tag{6.6}$$

로 되도록 정한다. 다음에 $n \to \infty$의 극한으로 이행한다. 피적분 함수 $F(x, y, y')$는 x, y, y'에 대해 연속이라는 조건을 고려하면, 이 방법으로 최초의 변문문제의 해가 얻어진다.

<계산방법>

선에 연하여 범함수 $v(y(x))$의 값을 근사적으로 계산하는 것이 편리하다. 간단한 범함수의 예에 대해 계산한다.

$$
\begin{aligned}
v(y(x)) &= \int_{x_0}^{x_1} F(x, y, y')dx \\
&= \sum_{i=0}^{n-1} \int_{x_{0+k\Delta x}}^{x_0+(k+1)\Delta x} F(x, y, y')dx
\end{aligned} \tag{6.7}
$$

함수 $F(x, y, y')$의 적분을 다음과 같이 근사한다.

$$
\int_{x_{0+k\Delta x}}^{x_0+(k+1)\Delta x} F(x, y, y')dx \approx F(x_k, y_k, \frac{\Delta y_k}{\Delta x})\Delta x \tag{6.8}
$$

따라서

$$
v(y(x)) \approx \sum_{i=0}^{n-1} F(x_i, y_i, \frac{\Delta y_i}{\Delta x})\Delta x (6.9)
$$

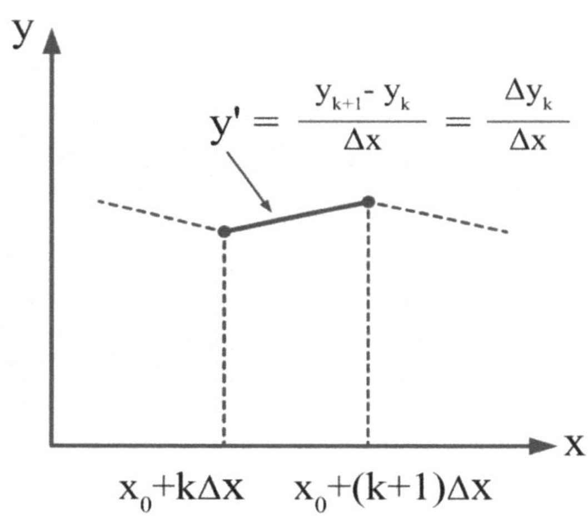

그림 6-2

[예제 6.1] 범함수

$$v(y(x)) = \int_{x_0}^{x_1} F(x,\, y,\, y^{'})dx$$

에 대해 차분법을 이용하면, Euler 방정식이 유도됨을 나타내시오.

[해]

$$v(y(x)) \approx \phi(y_1, y_2, \cdots, y_{n-1})$$

$$= \sum_{i=0}^{n-1} F(x_i, y_i, \frac{y_{i+1}-y_i}{\Delta x})\Delta x$$

이 합 가운데서 y_0와 y_n은 제외하고, y_i를 포함하는 항은 다음의 2개만이다.

$$y_i \text{를 포함하는 항} \begin{cases} \text{제 } i \text{ 항 :} & F(x_{i-1}, y_{i-1}, \frac{y_i - y_{i-1}}{\Delta x})\Delta x \\ \text{제 } i+1 \text{ 항 :} & F(x_i, y_i, \frac{y_{i+1}-y_i}{\Delta x})\Delta x \end{cases}$$

따라서 방정식

$$\frac{\partial \phi}{\partial y_i} = 0 \quad (i = 0,\, 1,\, 2,\, \dots,\, n-1) \tag{1}$$

는

$$\begin{aligned} \frac{\partial \phi}{\partial y_i} &= F(x_i, y_i, \frac{y_{i+1}-y_i}{\Delta x})\Delta x \\ &+ F_{y'}(x_i, y_i, \frac{y_{i+1}-y_i}{\Delta x})(-\frac{1}{\Delta x})\Delta x \\ &+ F_{y'}(x_{i-1}, y_{i-1}, \frac{y_{i1}-y_{i-1}}{\Delta x})(\frac{1}{\Delta x})\Delta x \end{aligned} \tag{2}$$

$$(i = 0,\, 1,\, 2,\, \dots,\, n-1)$$

여기서 $F_y = \dfrac{\partial F(x,\, y,\, y^{'})}{\partial y}$, $F_{y'} = \dfrac{\partial F(x,\, y,\, y^{'})}{\partial y}$

윗식을 다시 쓰면

$$F_y(x_i, y_i \frac{\Delta y_i}{\Delta x}) - \frac{F_{y'}(x_i, y_i, \frac{\Delta y_i}{\Delta x}) - F_{y'}(x_{i-1}, y_{i-1}, \frac{\Delta y_{i-1}}{\Delta x})}{\Delta x} = 0$$

즉

$$F_y\,(x_i,\, y_i,\, \frac{\Delta y_i}{\Delta x}\,) - \frac{\Delta F_{y'}}{\Delta x} = 0 \;\; (i = 0,\, 1,\, 2,\, \dots,\, n-1) \tag{3}$$

$n \to \infty$로 하면, 윗식은

$$F_y\,(x\,,\, y,\, y')-\frac{d}{dx}F_{y'}(x\,,\, y,\, y') = 0 \tag{4}$$

로 되며, x의 허용영역에서 성립한다. 식 (4)는 Euler 방정식이다.

6.3 Ritz의 방법

6.3.1 이론

① 함수열 (기저 함수)

$$w_1(x),\, w_2(x),\, \dots,\, w_n(x),\, \dots \tag{6.10}$$

가 주어져 있고, 처음부터 n개의 함수의 정수계수 α_i를 갖는 모든 가능한 1차 결합

$$y_n = \sum_{i=1}^{n} \alpha_i w_i(x) \tag{6.11}$$

에 따라서만 생각한다.

② y_n은 주어진 문제에 대한 허용된 함수여만 한다. 그 때문에 함수열은 부가적인 조건이 뒤에서 설명하듯이 부가된다.

③ $y_n = \sum_{i=1}^{n} \alpha_i w_i(x)$와 같은 1차결합 곡선에 따라서만 생각하면, 범함수 $v(y(x))$는 계수 $\alpha_1,\, \alpha_2,\, \dots,\, \alpha_n$의 함수로 된다. 즉,

$$v(y(x)) = \phi(\alpha_1, \alpha_2, \dots, \alpha_n) \tag{6.12}$$

④ 함수 $\phi(\alpha_1, \alpha_2, \dots, \alpha_n)$가 극치를 취하도록 택한다. 즉,

$$\frac{\partial \phi}{\partial \alpha_i} = 0, \ (i = 0, 1, 2, \dots, n) \tag{6.13}$$

⑤ $n \to \infty$로 하여 극한과정을 취하면, 극한함수

$$y = \sum_{i=1}^{\infty} \alpha_i w_i(x) \tag{6.14}$$

를 얻는다. 단, 이 급수는 수렴한다고 가정한다. 범함수 $v(y(x))$와 함수열 $w_i(x)$에 뒤에서 설명하는 어느 가정을 놓으면

$$y = \sum_{i=1}^{\infty} \alpha_i w_i(x) \tag{6.15}$$

는 고려하고 있는 변분문제의 하나의 정해로 된다.

⑥ 극한과정을 취하지 않고 최초의 n항의 만을 취하면 변분문제의 하나의 근사적인 해

$$y_n = \sum_{i=1}^{n} \alpha_i w_i(x) \tag{6.16}$$

를 얻는다.

범함수의 극소치를 결정하는 데 이 방법을 이용하면 위로 부터의 근사치, 즉 극소의 정확한 값은 큰 편으로 근사된다. 또한 범함수의 극대치를 결정하는 경우는 아래로 부터의 근사치, 즉 극대의 정확한 값은 작은 편으로부터 근사된다,

6.3.2 기저함수계 $w_n(x)$에 대한 조건과 그 선정 방법

$y_n = \sum_{i=1}^{n} \alpha_i w_i(x)$가 주어진 변문문제에 대한 허용된 함수이기 위해서는

① 문제의 경계조건을 만족할 것

② 연속성 등을 만족할 것

이 필요하다. 이를 경계조건이 동차 및 비동차인 경우에 대해 구체적으로 설명하면, 다음과 같다.

(1) 경계조건이 동차 선형식으로 표현되는 경우

$$
\begin{aligned}
a_1 y(x_0) + a_2 y'(x_0) &= 0 \\
b_1 y(x_1) + b_2 y'(x_1) &= 0
\end{aligned}
\tag{6.17}
$$

일 때에는 기저함수계 $w_n(x)$의 모두가 이 경계조건을 만족하도록, $w_n(x)$을 선정하면 편리하다. a_1, a_2, b_1, b_2를 a_1과 a_2가 함께 0 이 아니고, b_1과 b_2가 함께 0이 아닌 임의 정수로 한다. 이는 $w_1(x), w_2(x), \dots, w_n(x)$가 모두 그 경계 조건을 만족하면

$$
y_n = \sum_{i=1}^{n} \alpha_i w_i(x)
$$

도 임의 α_i에 대해 같은 경계조건을 만족하기 때문이다.

예) $a_2 = b_2 = 0$로 하고 경계조건이 $y(x_0) = 0$, $y(x_1) = 0$일 때

가) 기저함수계 $w_i(x) = (x - x_0)(x - x_1)\phi_i(x)$

단 $\phi_i(x)$는 임의 연속함수이다. 이 경우도 물론 $w_i(x_0) = 0$, $w_i(x_1) = 0$이다.

예로 경계조건 $y(0) = y(1) = 0$ 일 때

$w_1 = x(x-1)$, $w_2 = x(x-1)x$, $w_3 = x(x-1)x^2$, … , $w_n = x(x-1)x^{n-1}$

나) 기저함수계 $w_k(x) = \sin\dfrac{k\pi(x - x_0)}{x_1 - x_0}$ $(k = 1, 2, \ldots)$

이 경우도 물론 $w_i(x_0) = 0$, $w_i(x_1) = 0$로 된다.

다) $w_i(x_0) = 0, w_i(x_1) = 0$를 만족하는 다른 임의 기저함수계를 선정하는 것도 가능하다. 그러나 가능한 직교함수계, 즉 다음과 같은 것을 선정하면 좋다.

$$\int_{x_0}^{x_1} w_i(x)\, w_j(x)\, dx = \delta_{ij}$$

여기서 δ_{ij}는 Kronecker delta 이다 .

(2) 경계조건이 동차 (선형)가 아닌 경우 (비동차 조건)

예로

$$\begin{aligned} a_1 y(x_0) + a_2 y'(x_0) &= 0 \\ b_1 y(x_1) + b_2 y'(x_1) &\neq 0 \end{aligned} \tag{6.18}$$

일 때, 일례로서 $a_2 = b_2 = 0$인 경우는 적어도 y_1, y_0중에 하나는 0이 아니며, 경계 조건 $y(x_0) = y_0$, $y(x_1) = y_1$의 경우에 상당한다. 이 경우에는 변분문제의 해로서 다음 식을 시도하면 편리하다.

$$y_n = \sum_{i=1}^{n} \alpha_i w_i(x) + w_0(x) \tag{6.19}$$

여기서 $w_0(x)$는 주어진 경계조건을 만족하는 함수, 예로 $w_0(x_0) = y_0$, $w_0(x_1) = y_1$으로 되는 함수이다. 그 일예는

$$w_0(x) = \frac{y_1 - y_0}{x_1 - x_0}(x - x_0) + y_0 \tag{6.20}$$

와 같은 것이다. 또한 $w_i(x)$는 대응하는 동차(선형) 경계조건

$$\begin{aligned} a_1 y(x_0) + a_2 y'(x_0) = 0 \\ b_1 y(x_1) + b_2 y'(x_1) = 0 \end{aligned} \tag{6.21}$$

를 만족하는 함수이다. 이 경우에는 $y(x_0) = 0$, $y(x_1) = 0$가 대응하는 동차 경계조건이므로 $w_i(x_0) = w_i(x_1) = 0$를 만족하는 함수이다. 이상과 같이 $w_0(x)$, $w_i(x)$를 정하면

$$y_n = \sum_{i=1}^{n} \alpha_i w_i(x) + w_0(x) \tag{6.22}$$

는 임의 α_i에 대해 주어진 비동차의 경계조건을 만족한다. 즉 $y_n(x_0) = y_0$, $y_n(x_1) = y_1$이 된다.

보충설명

① 기저함수계 $w_1(x), w_2(x), \ldots, w_n(x), \ldots$을 처음에 어떻게 선정하는가 하는 것이 이후 계산이 어느 정도 복잡하게 되는가에 크게 영향을 미친다. 따라서 **Ritz의 방법을 적용하는데 성공하기 위해서는 기저함수계를 적절히 선정해야 한다.**

② $v(y(x)) = \phi(\alpha_1, \alpha_2, \cdots, \alpha_n)$이 극치를 $\alpha_1, \alpha_2, \cdots, \alpha_n$ 을 선정 할 때, 방정식

$$\frac{\partial \phi}{\partial \alpha_i} = 0, \ (i = 1, 2, \dots, n) \tag{6.22}$$

를 풀게 되나, 이것을 푸는 것은 일반적으로 어려운 문제이다. 그러나 조사하고자 하는 범함수나 그 미치함수와 그 도함수에 관해 2차의 범함수 있때, 예로 다음과 같은 범함수

$$v(y(x)) = \int_{x_0}^{x_1} [p(x)y^2 + 2q(x)yy' + r(x)y'^2]dx$$

$$v(y(x)) = \int_0^1 (ax^3y''^2 - b^2xy^2)dx$$

일 때에는

$$\frac{\partial \phi}{\partial \alpha_i} = 0, \ (i = 1, 2, \dots, n)$$

가 α_i에 관해 1차 연립 방정식이 되므로, 그 해법은 훨씬 간단하게 된다.

[예제 6.2] 다음과 같은 범함수를 최소로 하는 문제를 Ritz의 방법을 이용하여 구하시오.

$$v(y(x)) - \int_{x_0}^{x_1} (py'^2 + qy^2 + 2fy)dx \tag{1}$$

경계조건은 다음과 같다.

$$y(x_0) = y_0, \ y(x_1) = y_1 \tag{2}$$

[해] 이와 같은 문제를 Euler방정식으로 풀이하는 것보다 직접해법(direct method)의 하나인 Ritz의 방법으로 풀어보자.
경계조건 식(2)를 만족하는 다음과 같은 정류함수(극치함수)를 가정하면

$$y_n(x) = \frac{x}{l}y_1 + \frac{l-x}{l}y_0 + \sum_{k=0}^{n} a_k \sin\frac{k\pi x}{l} \tag{3}$$

따라서

$$v(y_n) = \sum_{k,n=1}^{n} a_k a_h \int_0^l (p\frac{kh\pi^2}{l^2} cos\frac{k\pi x}{l} cos\frac{h\pi x}{l} + q\sin\frac{k\pi x}{l} sin\frac{h\pi x}{l})dx$$

$$+ 2\sum_{k=1}^{n} a_k \int_0^l \left\{ p(\frac{y_1 k\pi}{l^2} - \frac{y_0 k\pi}{l^2})\cos\frac{k\pi x}{l} + q(\frac{xy_1}{l} + \frac{l-x}{l}y_0)\sin\frac{k\pi x}{l} + f\sin\frac{k\pi x}{l} \right\} dx \tag{4}$$

$$+ \int_0^l \left\{ p(\frac{y_1^2}{l^2} + \frac{y_0^2}{l^2} - 2\frac{y_0 y_1}{l^2}) + q[\frac{x^2 y_0^2}{l^2} + \frac{(l-x)^2}{l^2}y_0^2 + 2\frac{x(l-x)}{l^2}y_0 y_1] + 2f(\frac{xy_1}{l} + \frac{l-x}{l}y_0) \right\}$$

여기서 $v(y_n(x))$의 값은 식(3)에서 계수의 선택에 의존한다는 것을 알 수 있다, 그러므로 $v(y_n(x))$는 식(4)에서 적분을 취하고 난 후에는, a_1, a_2, a_3, …의 통상함수(ordinary function)가 된다. 따라서 정류조건은

$$\frac{\partial v}{\partial a_1} = 0, \ \frac{\partial v}{\partial a_2} = 0, \ \dots, \ \frac{\partial v}{\partial a_n} = 0 \tag{5}$$

이는 다음 식을 유도한다.

$$\sum_{k=1}^{n} a_k \int_0^l \left(p\frac{kh\pi^2}{l^2} cos\frac{k\pi x}{l} cos\frac{h\pi x}{l} + q\sin\frac{k\pi x}{l} \sin\frac{h\pi x}{l} \right) dx$$
$$+ \int_0^l \left\{ p(\frac{y_1 h\pi}{l^2} - \frac{y_0 h\pi}{l^2})\cos\frac{k\pi x}{l} + q(\frac{xy_1}{l} + \frac{l-x}{l}y_0)\sin\frac{h\pi x}{l} + f\sin\frac{h\pi x}{l} \right\} dx = \tag{6}$$

식(6)의 방정식들은 a_k를 결정하는 방정식들로 구성된다. 만약 n이 충분히 크다면, y_n은 정류함수(stationary function) y와 충분히 근접한다고 가정한다. 이것이 Ritz의 방법이다. 이 예제에서, $,\sin(k\pi\frac{x}{l})$은 기저함수(fundamental function)로서 취해졌다. $\sin(k\pi\frac{x}{l})$ 대신에 $(l-x)x^k$를 취하는 것도 가능하다. 식(2)를 만족하는

구간 연속 도함수를 갖는 모든 연속함수는 이 문제에서 허용 비교함수이다.
만약 도함수를 갖ㅅ는 모든 연속함수는 이 문제에서 허용 비교함수이다. 만약 동차(homogeneous) 경계조건 $y(0)=0$와 $y(l)=0$를 만족하는 어떤 연속 미분 가능 함수 y는 $w_1, w_2, \dots, w_n$의 유한개의 선형결합에 의해 일정하게 근사화된다.

$$y_n = \sum_{k=1}^{n} a_k w_k \tag{7}$$

$w_1, w_2, \cdots, w_n$은 완전함수계(complete system of function)라고 부르고, w_k는 기저함수라 한다. 완전함수계의 예로서는

$$w_k = (l-x)x^k,\ w_k = \sin\frac{k\pi x}{l} \tag{8}$$

등이 있고, 식(2)의 경계조건을 식(3)에 대한 비교함수는 식(3)과 같이 취해지고, 다음과 같다.

$$y = \frac{x}{l}y_1 + \frac{l-x}{l}x_0 + \sum_{k=1}^{\infty} a_k w_k$$

[예제 6.3] 미분방정식

$$x^2y'' + 2x'y' = 6x \quad \text{(Euler - Cauchy형 방정식)}$$

이 주어지고, 경계조건 $y(1) = y(2) = 0$인 문제의 근사해를 Ritz의 방법을 이용하여 구하시오.

[해] 이 경계치 문제에 관한 범함수를 먼저 구해야 하므로, 미분방정식을 다음과 같이 표현한다.

$$-\frac{d}{dx}(x^2y') = -6x \tag{1}$$

이에 대한 범함수는

$$\begin{aligned} v(y(x)) &= -\int_1^2 \left[-\frac{d}{dx}(x^2y')y - 12yx\right]dx \\ &- \int_1^2 (x^2yy' + 2xyy' - 12xy)dx \end{aligned} \tag{2}$$

이고, 경계조건을 만족하는 기저 함수를 하나만 택하여 근사함수를

$$y_1 = c_1(x-1)(x-2) - c_1\phi_1 \tag{3}$$

으로 하고, 이를 범함수에 대입하면

$$v(y(x)) = -\int_1^2 \left[(x^2\phi_1(\phi_1'')c_1^2 + 2x\phi_1\phi_1'c_1^2 - 12x\phi_1c_1\right]dx \tag{4}$$

Ritz의 방법에 의하면 $\frac{\partial v}{\partial c_1} = 0$이므로

$$\frac{\partial v}{\partial c_1} = -\int_1^2 \left(x^2 \phi_1 \phi_1{}'' c_1 + 2x\phi_1 \phi_1{}' c_1 - 6x\phi_1\right) dx = 0 \tag{5}$$

이다. 식(5)에 $\phi_1 = (x-1)(x-2)$를 대입하면, c_1에 대한 방정식

$$\left[\left(\frac{3}{5}x^5 - 3x^4 + 5x^3 - 3x^2\right)c_1 - \left(\frac{3}{4}x^4 - 3x^3 + 3x^2\right) \right]_1^2 \Delta x = 0 \tag{6}$$

이 구해지고, 이 식에서 $c_1 = 1.875$이 구해진다. 이를 근사함수식 y_1에 대입하면, Ritz의 방법에 의한 근사해는

$$y_1 = 1.875(x^2 - 3x + 2) \tag{7}$$

이 된다. 미분방정식의 엄밀해는

$$y_{ex} = \frac{6}{x} + 3x - 9 \tag{8}$$

이므로, 결과를 비교하면 예로 x=1.5를 대입하면

$$y_1(1.5) = -0.469, \; y_{ex}(1.5) = -0.50$$

으로 근사해는 어느 정동 만조하고 있다. 더 좋은 근사해를 얻기 위해서는 기저함수의 수를 많이 사용하면 된다. 일례로서

$$y_2 = (x-1)(x-2)(c_1 + c_2 x)$$

를 사용하여 c_1과 c_2를 계산한 후, $x = 1.5$를 대입하면

$$y_2(1.5) = -0.50895$$

로 더 좋은 결과가 얻어진다.

[예제 6.4] 중앙에 집중하중 P가 작용하는 단순지지보의 처짐량을 Ritz의 방법을 이용하여 구하시오.

[해] 미분방정식은

$$EI\frac{d^2w}{dx^2} = -\frac{P}{2}x \ , \ (0 \le x \le \frac{l}{2}) \tag{1}$$

경계조건은 양단 단순지지이므로

$$\begin{aligned} &w(0) = w(l) = 0 \\ &w''(0) = w''(l) = 0 \end{aligned} \tag{2}$$

이다. 미분방정식을 적분하고, 경계조건을 대입하면 엄밀해 w_{ex}는

$$w_{ex} = \frac{Pl^3}{48EI}\left\{2(\frac{x}{l}) - 4(\frac{x}{l})^3\right\}, \ (0 \le x \le \frac{1}{2}) \tag{3}$$

이 얻어진다. 고체역학에서 총 포텐셜에너지가 변분법의 범함수에 대응되므로, 이 문제의 총포텐셜 에너지를 $v(y(x))$라 하면

$$v(y(x)) = \frac{EI}{2}\int_0^1 \left| (\frac{d^2w}{dx^2})^2 dx - Pw(x) \right|_{x=\frac{l}{2}} \tag{4}$$

Ritz의 방법을 적용하기 위해, w의 근사함수로서

$$w_{ap1} = c_1 \sin(\frac{\pi x}{l}) \tag{5}$$

로 택하면, 기저함수는 $x=0$, $x=l$에서 경계조건을 만족한다. 여기에서 경계조건으로 w 또는 w'가 주어졌을 때, 이를 기하학적 경계조건(geometric boundary condition)이라 하고, w'' 또는 w'''가 주어진 경우 $w''=0$, $w'''=0$는 각각 굽힘모멘트와 전단력이 0임을 나타내므로, 이를 힘 또는 자연경계조건(force or natural boundary condition)이라한다.
앞의 근사함수는 이들 경계조건을 모두 만족한다. 근사함수를 범함수에 대입하고 적분하면

$$v(w(x)) = \frac{EI}{2}c_1^2(\frac{\pi}{l})^4\frac{l}{2} - Pc_1 \tag{6}$$

이 얻어진다. $\frac{\partial v}{\partial c_1} = 0$으로부터

$$EIc_1\left(\frac{\pi}{l}\right)^4\frac{l}{2} - P = 0 \tag{7}$$

그러므로 계수 c_1은

$$c_1 = \frac{2Pl^3}{\pi^4 EI} \tag{8}$$

이를 근사함수에 대입하면, 근사해는

$$w_{ap1} = \frac{2Pl^3}{\pi^4 EI}\sin\frac{\pi x}{l} \tag{9}$$

다음에 다른 근사함수를 고려해 보자.

$$w_{ap2} = \frac{Pl^3}{32EI}\left\{\frac{x}{l} - \left(\frac{x}{l}\right)^3\right\} \tag{10}$$

이들 근사해를 엄밀해와 비교하기 위해 $x = \frac{l}{4}$, $\frac{l}{2}$에 대해 구한 결과를 무차원의 형태로 나타내면 다음의 표 6.1과 같다.

표 6.1 엄밀해와 근사해의 비교

	$x = \frac{l}{4}$	$x = \frac{l}{2}$
$EIw_{ex}/(Pl^3)$	0.01432	0.02083
$EIw_{ap1}/(Pl^3)$	0.01452	0.02053
$EIw_{ap2}/(Pl^3)$	0.00732	0.01172

표 6.1에서 알 수 있듯이 경계조건을 완전히 만족하지 않는 근사해(w_{ap2})는 나쁜 결과를 나타낸다. 또한 근사해가 좌우대칭이 되지 않는다.

[예제 6.5] 그림 6.3에 보는 바와 같이 사각단면의 막대가 자유단 $z=l$에서 주어진 비틀림 모멘트 M을 받고 있다. 응력장과 비틀림각을 구하시오. 응력성분은 τ_{zx}와 τ_{zy}로 표기한다.

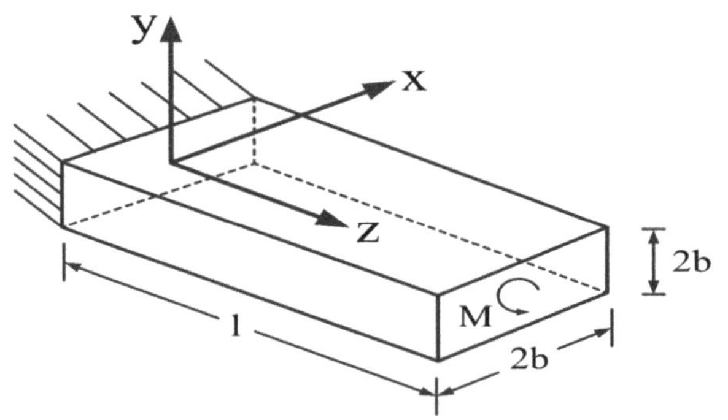

그림 6-3

[해] Hooke의 법칙은

$$\tau_{zx} = G\left(\frac{\partial w_z}{\partial x} + \frac{\partial w_x}{\partial_z}\right), \quad \tau_{zy} = G\left(\frac{\partial w_z}{\partial y} + \frac{\partial w_y}{\partial z}\right) \tag{1}$$

경계 조건은

$$\begin{aligned} x &= \pm a \text{ 에서 } \tau_{zx} = 0 \\ x &= \pm b \text{ 에서 } \tau_{zy} = 0 \end{aligned} \tag{2}$$

그리고 비틀림 모멘트는

$$z = 0 \text{ 에서 } M = \int_{-a}^{a}\int_{-b}^{b}(\tau_{zy}x - \tau_{zx}y)dxdy \tag{3}$$

여기서 w_x, w_y, w_z 는 x, y, z방향에서 각각의 변위성분이다. 계의 전체 포텐셜 에너지는

$$\begin{aligned} v(w_x, w_y, w_z) &= \frac{G}{2}\int_{-a}^{a}\int_{-b}^{b}\int_{0}^{l}\left[\left(\frac{\partial w_z}{\partial x} + \frac{\partial w_x}{\partial z}\right) + \left(\frac{\partial w_z}{\partial y} + \frac{\partial w_y}{\partial_z}\right)\right]dxdydz \\ &- \frac{M}{4ab}\int_{-a}^{a}\int_{-b}^{b}\frac{1}{2}\left(\frac{\partial w_y}{\partial x} - \frac{\partial w_x}{\partial y}\right)_{z=l} dxdy \end{aligned} \tag{4}$$

첫 번째 적분은 탄성변형률 에너지이고, 두 번째 적분은 모멘트 M의 포텐셜 에너이다. 다음의 경계조건을 갖는 식(4)를 최소화하는 문재를 고려해 보자.

$$z = 0 \text{ 에서 } w_x = w_y = w_z = 0 \tag{5}$$

식(4)는 변함수의 최고차 도함수에 대한 정정(positive definite) 제곱형태를 갖기 때문에 $v(w_x, w_y, w_z)$는 v를 최소로 하는 최소값을 갖는다. 주어진 M에 대하여, 정류함수 w_x, w_y, w_z는 주어진 모멘트에 의해 실현되는 정확한 변위이다. 첫 번째 근사로서 다음과 같이 선택한다.

$$w_x = -\theta z y, \ w_y = \theta_{zx}, \ w_z = 0 \tag{6}$$

이것은 원형실린더에 대한 해의 형태로부터 취해졌다. θ는 막대의 단위 길이당 비틀림각이다. v가 식(6)에 의해 주어진 형태의 구속하에 최소값을 갖도록 θ의 값이 선택된다. 식(6)을 식(4)에 대입하면

$$v = \frac{2G\theta^2 l}{3} ab(a^2 + b^2) - M\theta l \tag{7}$$

따라서 $\partial v / \partial \theta = 0$에 의해 다음이 유도된다.

$$\theta = \frac{3M}{4Gab(a^2 + b^2)} \tag{8}$$

$a = b/a$라 두면, v의 대응하는 최소값은

$$v_{\min} = -\frac{3M^2 l}{3a(1 + a^2)Ga^4} \tag{9}$$

다음과 같이 선택할 경우, 보다 나은 근사가 얻어진다.

$$w_x = -\theta zy, \ w_y = \theta zx, \ w_Z = Axy \tag{10}$$

식(10)을 식(4)에 대입하면

$$v = \frac{2Gl}{3} ab\left[(A - \theta)^2 b^2 + (A + \theta)^2 a^2\right] - M\theta l \tag{11}$$

$a = b/a$라 두면, 정류조건 $\partial v / \partial \theta = 0$와 $\partial v / \partial A = 0$는 다음을 유도한다.

$$\theta = \frac{3M^2(1+a^2)}{16a^3 Ga^4}, \quad A = \frac{3(a^2-1)M}{16a^3 Ga^4} \tag{12}$$

v의 대응하는 최소값은 아래와 같다.

$$v_{\min} = -\frac{3(1+a^2)M^2 l}{32a^3 Ga^4} \tag{13}$$

식(13)이 식(9)보다 더 작은 것을 알 수 있다. 이것은 식(10)에 의해 주어진 변위성분이 식(6)에 의해 주어진 것보다 더욱 실제적이라는 것을 나타낸다. M/θ항은 비틀림 강도 (torsional rigidity)라 한다. 식(8)로부터 첫 번째 근사가 얻어지고, 식(12)로부터 부 번째 근사가 얻어진다. 비틀림 컴플라이언스 (torsional compliance) M/θ는 ,a에 대하여 그림 6.4에 나타내었다.

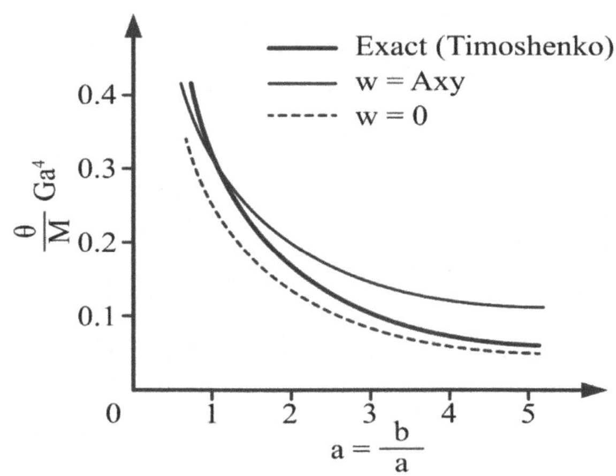

그림 6-4

이상의 예제들로부터

① 적은 수의 기저함수를 사용해서 좋은 결과를 얻기 위해서는 주어진 모든 경계조건을 만족해야 함은 물론 실제문제의 기하학적 성질등에 적합한 함수를 선정해야 한다.

② Ritz의 방법은 변분법의 일종이므로, 이를 적용할 수 있는 문제는 범함수, 즉 물리적으로는 포텐셜이 존재해야 한다.

③ Ritz의 방법은 공학적 문제해결에 유용하게 사용되지만, 기저함수를 선택할 때 주어진 모든 경계조건을 만족해야 하므로 복잡한 경계조건이나 기하학적 형상을 갖는 경우, 기저 함수를 결정하는데 어려움이 있다.

6.4 Galerkin의 방법

아래의 예를 들어 설명한다. 지금 연속 미분가능한 비교함수 $y(x)$를 경계조건 $y(0)=y_0$, $y(l)=y_1$에서 범함수

$$v(y(x))=\int_{x_0}^{x_1}\left(py'^2+qy^2+2fy\right)dx \tag{6.23}$$

의 극치를 구한다. 비교함수 $y(x)$를 기저함수 $w_1(x)$, $w_2(x)$, … , $w_n(x)$, …의 선형(1차)결합으로 나타낸다.

$$y=\frac{x}{l}y_1+\frac{l-x}{l}y_0+a_1w_1+a_2w_2+\ \dots\ +\ a_nw_n\ +\ \dots \tag{6.24}$$

이를 범함수에 대입여 a_i등을 $\frac{\partial v}{\partial a_i}=0$의 식으로부터 구하는 것은 Ritz의 방법과 같다. 그러나 범함수에 비교함수 $y(x)$를 대입하였을 때, 바로 이것을 적분해 버리지 않고, 형식적으로 $\frac{\partial v}{\partial a_i}=0$의 표현을 나타내 보면

$$\frac{\partial v}{\partial a_i} = 2\int_0^l \left[py' \frac{\partial y'}{\partial a_i} + qy\frac{\partial y}{\partial a_i} + f\frac{\partial y}{\partial a_i} \right] dx$$

$$2\int_0^l [py'w_i' + qyw_i + fw_i]\, dx = 0$$

$$(i = 1, 2, \ldots, n, \ldots)$$

로 된다 . w_i를 경계에서 0우로 되도록 선정하여 놓으면, 부분적분하여 경계항 $[2p'y'w_i]_0^1$ 이 소멸되므로, 윗식은

$$2\int_0^l \left[-\frac{d}{dx}(py') + qy + f \right] w_i dx = 0 \quad (i = 1, 2, \ldots, n, \ldots) \tag{6.25}$$

와 같이 쓸 수 있다. 단 여기서 y, y'는 위에서 정의된 비교함수 $y(x)$의 식으로부터 유도된다. 따라서 윗식에 $y(x)$식을 대입하여 적분을 수행하면 $a_1, a_2, \cdots, a_n, \cdots$을 정하는 대수방정식이 얻어진다. y는 급수이므로 범함수 $v(y(x))$의 적분을 바로 수행하는 것보다 위에서 설명한 형태로 바꾸어 적분을 수행하는 편이 훨씬 간편하다. 윗식의 유도과정에서 알 수 있듯이 피적분내의 [ ]는 항상 Euler 방정식의 좌변, 즉 변분도함수로 된다. 따라서 윗식내의 w_i를 제 1차변분의 변분 δy로 보면, 윗식은 제 1차변분이 0이라 하는 것이 된다. 물론 이 경우 부분적분을 했을 때 경계항이 소거되도록 비교함수를 취하는 것(즉 w_i가 경계에서 0)이 중요하다.

[예제 6.6] 4계 미분방정식

$$F(y) = [(x+2)y'']'' + y - 3x = 0$$

를 경계조건

$$x = 1: \; y = 0, \; y' = 0$$

$$x = 0: \; (x+2)y'' = 0, \; [(x+2)y'']' = 0$$

하에서 계산하시오.

[해] 최초로 가정하는 근사해의 기저함수는 모든 동차경계조건을 만족하도록 취하지 않으면 안된다. 이를 주의하여 근사해의 형을 다음과 같이 한다,

$$y = a_1 w_1 + a_2 w_2 + \ \cdots \tag{1}$$

여기서

$$\begin{aligned} w_1 &= (x-1)^2(x^2+2x+3) \\ w_2 &= (x-1)^2(3x^2+4x+3) \\ &\cdots\cdots\cdots\cdots \end{aligned} \tag{2}$$

제 1근사로서 윗식의 첫 항 $a_1 w_1$만을 생각하면 a_1을 정하는 식은

$$\int_0^1 F(y) w_1 dx = 0 \tag{3}$$

이다. 이 식의 ,y에 $a_1 w_1$을 대입하면 $a_1 = 0.011917$이 되고, 제 1근사는

$$y = a_1 w_1 = 0.011917(x-1)^2(x^2+2x+3) \tag{4}$$

로 된다. 제 2근사로서 y의 2항까지 고려하면, a_1과 a_2를 정하는 식은

$$\begin{aligned} \int_0^1 F(y) w_1 \, dx = 0 \\ \int_0^1 F(y) w_2 \, dx = 0 \end{aligned} \tag{5}$$

이다. 윗 식의 y에 $a_1 w_1 + a_2 w_2$를 대입하면

$$\begin{aligned} 83.911 a_1 - 67.213 a_2 &= 1 \\ 67.213 a_1 - 91.882 a_2 &= 0.7143 \end{aligned} \tag{6}$$

이 되므로, $a_1 = 0.013743$, $a_2 = 0.002279$가 얻어진다. 따라서 제 2근사로는

$$y = 0.013743(x-1)^2(x^2+2x+3) + 0.002279(x-1)^3(3x^2+4x+3) \tag{7}$$

이 얻어진다. $x = \dfrac{1}{2}$에서 제 1근사로는 0.012662, 제 2근사는 0.012964가 된다.

[예제 6.7] 다음의 질점의 운동방정식을 Galerkin의 방법을 이용하여 질점 변위 x를 구하시오.

$$m\dot{x}+c\dot{x}+kx=0 \tag{1}$$

초기조건은 다음과 같다.

$$\begin{aligned} &t=0 \text{ 에서 } x=0 \\ &t=0 \text{ 에서 } \dot{x}=v_0 \end{aligned} \tag{2}$$

[해] 이 문제는 $v[x(t)]=\int_0^{t_1} F(t,\, x,\, \dot{x})dt$ 형태의 범함수가 없기 때문에 Ritz의 방법은 이용하기 어렵다. 그러나 Galerkin의 방법을 이용하면 이 어려움은 극복된다. 이 방법은 식(3)을 만족하는 x를 구하도록 사용된다.

$$\int_0^{t_1}(m\dot{x}+c\dot{x}+kx)\,\delta x\,dt=0 \tag{3}$$

여기서 x는 식(2)에 정의된 초기조건에 지배된다. x를 다음과 같이 가정한다.

$$x(t)=v_0e^{-t}\sin t+a_1e^{-t}(\cos t-1) \tag{4}$$

이 시행함수는 어느 임의 a_1값에 대해 초기조건 (2)를 명백히 만족한다. 그러면 x의 변분 δx는

$$\delta x=e^{-1}(\cos t-1)\delta a_1 \tag{5}$$

이 되고, 식(4)와 식(5)를 식(3)에 대입하고, ,$t_1=\infty$로 하여 적분을 수행하면

$$m(-2v_0+2a_1)-2cv_0+k(3v_0-3a_1)=0 \tag{6}$$

이 되고, 따라서 식(6)로부터 a_1이 얻어진다.

$$a_1=\frac{(2m+2c-3k)v_0}{2m-3k} \tag{7}$$

m$m=1$, $c=1$, $k=1$ 및 $v_0=1$인 특별한 경우에 대한 수치계산결과를 그림 6.5에 나타낸다. 엄밀해는 초기조건 (2)를 고려한 미분방정식 (1)을 풀므로서 다음과 같이 얻어진다.

$$x = e^{-t/2}\frac{2}{\sqrt{3}}sin\frac{\sqrt{3}}{2}t \tag{8}$$

또 다른 근사로서 식(2)를 만족하는 x를 가정하면

$$x(t) = v_0 e^{-t}(1 - a_1 t^2)t \tag{9}$$

유사한 계산과정을 통하여 $a_1 = (2k - c)/(15k - m)$이 얻어진다.

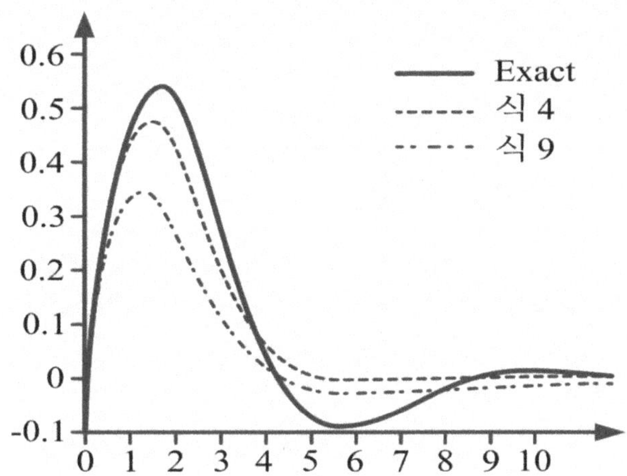

그림 6-5

[예제 6.8] 굽힘강성 EI의 보에 힘 f가 작용하고 있다. 보의 한 쪽 $(x = 0)$은 고정되어있고, 다른 쪽 $(x = l)$은 단순지지 된다.

[해] Ritz의 방법을 이용 할 때, 범함수

$$v[y(x)] = \frac{EI}{2}\int_0^t (y'')dx - \int_0^t fy\,dx \tag{1}$$

는 아래의 경계조건을 만족하며 최소화 된다.

$$\begin{aligned} &x = 0 \text{ 에서 } y = 0,\ y' = 0 \\ &x = l \text{ 에서 } y = 0 \end{aligned} \tag{2}$$

시행함수는 아래의 자연경계조건을 만족할 필요가 없다.

$$x = l \text{ 에서 } y'' = 0 \tag{3}$$

Galerkin의 방법이 채용될 때, 시행함수 y는 모든 경계조건 (2)와 (3)을 만족하여야 한다. 풀기위한 식은 아래와 같다.

$$\int_0^l (EIy'''' - f)\delta y\,dx = 0 \tag{4}$$

6.5 Kantorovich의 방법

이 방법은 직접해법과 간접해법을 합성한 hybrid방법으로, 6.3절에서 설명한 Ritz의 방법과 조금 다른 방법을 채택하고 있다. 다음과 같은 형태의 범함수를 고려해 보자.

$$v(y) = \int_t \int_x F(x,\, t,\, y)dx\,dt \tag{6.26}$$

경계조건은

$$y\,|_{\,x = x_1} = y_1\ ,\ y\,|_{\,t = t_1}\ ,\ = y_3\ ,\ y\,|_{\,x = x_2} = y_2 \tag{6.27}$$

시행함수는 다음과 같은 형태라 하자.

$$y(x\,,t\,) \simeq g_p(x) + \sum_{j=1} f_j(t) g_j^H(x) \tag{6.28}$$

여기서 $g_p(x)$는 경계조건을 만족하고, $g_j^H(x)$는 동차 경계조건을 만족한다. 이때에 $f_i(t)$에 대한 어떠한 조건도 설명되지 않았다. 이러한 시행함수를 상기 범함수의 식에 대입하였을 때, 새로운 자유도가 감소한 범함수가 형성된다.

$$v(f) = \int_t \overline{F}(f(t))\,dt \tag{6.29}$$

Euler 방정식이 $f_i(t)$에 대하여 유도되고 풀린다.

다음으로 수개의 독립변수를 포함하는 함수에 의존하는 범함수

$$v(z(x_1,\, x_2,\, \dots,\, x_n)) \tag{6.30}$$

의 경우를 고려하여 Ritz의 방법과 비교하여 보자.

(1) Ritz의 방법

아래의 기저함수계

$$w_1(x_1,\, x_2,\, \dots, x_n), w_2(x_1,\, x_2,\, \dots, x_n),\, ..\, , w_m(x_1,\, x_2,\, \dots, x_n),\, \dots \tag{6.31}$$

를 이용하여, 변분문제의 근사해

$$z_m = \sum_{k=1}^{m} a_k w_k(x_1,\, x_2,\, \dots,\, x_n) \tag{6.32}$$

의 형을 결정한다. 여기서 a_k는 정수이다.

(2) Kantorovich 의 방법

다음의 기저함수계

$$w_1(x_1,\, x_2,\, \dots, x_n), w_2(x_1,\, x_2,\, \dots, x_n),\, ..\, , w_m(x_1,\, x_2,\, \dots, x_n),\, \dots$$

를 이용하여, 변분문제의 근사해

$$z_m = \sum_{k=1}^{m} a_k(x_i) w_k(x_1,\, x_2,\, \dots,\, x_n) \tag{6.33}$$

의 형을 결정한다. 여기서 $a_k(x_i)$는 **정수가 아니고, 독립변수의 하나의 미지함수이다.**

① 이 경우 $v(z_m)$은 매개함수 $a_1(x_i),\ a_2(x_i),\ \cdots,\ a_m(x_i)$에 의존하는 하나의 범함수

$$\tilde{v}(a_1(x_i),\ a_2(x_i),\ \cdots,\ a_m(x_i))$$

로 바뀐다.

② 범함수 가 극치를 갖도록, m개의 함수 $(a_1(x_i),\ a_2(x_i),\ \cdots,\ a_m(x_i)$를 선정해야 한다.

③ $m \to \infty$의 극한과정에 의해, 수렴에 대해 어느 조건하에서는 정확한 해가 얻어진다.

④ 극한과정이 완수되지 않을 때는 근사해 z_m이 얻어진다.

이 방법은 Ritz의 방법에 의한 근사해보다 훨씬 좋은 근사가 된다.

[예제 6.9] Kantorovich의 방법들을 사용하여 다음과 같은 범함수의 극치를 구하시오.

$$v(x) = \frac{1}{2}\int_0^l \int_0^\pi \left[(\frac{\partial u}{\partial x})^2 + (\frac{\partial u}{\partial y})^2 \right] dxdy \tag{1}$$

경계조건은 다음과 같다.

$$u\mid_{x=0} = u\mid_{x=\pi} = 0$$

$$u\mid_{x=0} = 0\,,\ u\mid_{y=1} = \sin(x)$$

[해] 시행함수를 다음과 같이 가정한다.

$$u(x,\ y) \cong x(x-\pi)f(y) \tag{2}$$

시행함수가 x에서 경계조건을 만족하는 것에 주목하자. 이 시행 함수를 식(1)에 대입하여, x영역 $(0 \le x \le \pi)$에 걸쳐서 적분할 때, 식(1)은 다음과 같이 간단히 된다.

$$v(f) = \frac{\pi^3}{6}\int_0^1 \left\{ f^2 + \frac{\pi^2}{10}(f^2) \right\} dy \tag{3}$$

이 범함수의 Euler 방정식은

$$f' - \frac{10}{\pi^2} f = 0 \tag{4}$$

이 미분방정식에 대한 경계조건으로 다른 조건이 동차가 아니기 때문에 단지 $y=0$에 서만의 동차 경계조건이 사용된다. 그래서 이 미분방정식의 해는 다음과 같이 주어진다.

$$f(y) = c\sinh(\frac{\sqrt{10}}{\pi}y) \tag{5}$$

상수 c는 여전히 미정이다. 식(5)를 식(2)에 대입하면

$$u(x, y) \cong c\sinh(\frac{\sqrt{10}}{\pi}y)x(x-\pi) \tag{6}$$

상수 c는 구하기 위해 마지막 경계조건이 사용된다. 즉,

$$u(x, 1) = \sin(x) = c\sinh(\frac{\sqrt{10}}{\pi})x(x-\pi) \tag{7}$$

위의 방정식을 정확하게 만족하는 상수는 존재하지 않기 때문에, 가장 적당한 상수는 다음과 같은 연산에 의해 구해진다. 식(7)의 양변에 $x(x-\pi)$를 곱하고, x의 영역 $(0 \le x \le \pi)$에 걸쳐서 적분한다. 그 결과는 다음과 같이 된다.

$$\int_0^\pi \sin(x)x(x-\pi)dx = c\sinh(\frac{\sqrt{10}}{\pi})\int_0^\pi \{x(x-\pi)\}^2 dx$$

$$-4 = c\sinh(\frac{\sqrt{10}}{\pi})\frac{\pi^5}{30} \tag{8}$$

$$c = -\frac{120}{\pi^5 \sinh(\frac{\sqrt{10}}{\pi})}$$

그러므로, 이 문제에 대한 근사해는

$$u(x, y) \cong \frac{-120}{\pi^5\sinh(\frac{\sqrt{10}}{\pi})} sinh(\frac{\sqrt{10}}{\pi}y)x(x-\pi) \tag{9}$$

로 되고, 엄밀해는 다음과 같다.

$$u(x, y) \cong \frac{1}{\sinh(1)} sinh(y)\sinh(x)$$

그림 6.6에 근사해와 엄밀해를 비교하였다. 많은 경우에 있어서 Kantorovich의 방법은 그 절차부분이 해석적이기 때문에 Ritz의 방법보다 더 나은 해를 제공한다.

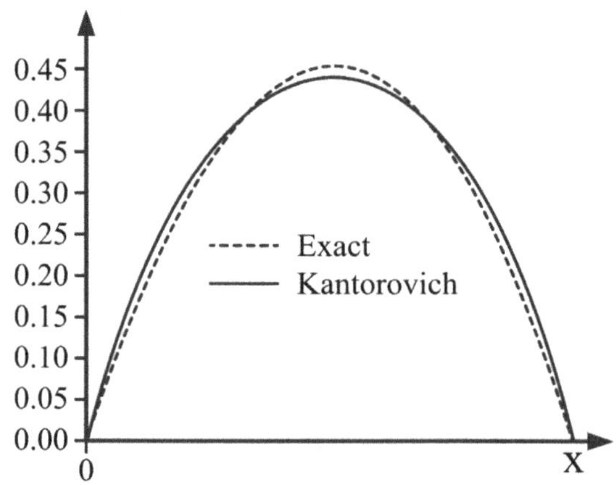

그림 6-6

[예제 6.10] 범함수

$$v(z(x\,,\,y)) = \int_{-a}^{a}\int_{-b}^{b}\left[(\frac{\partial z}{\partial x})^2 + (\frac{\partial z}{\partial y})^2 - 2z\right]dxdy$$

의 극치를 Kantorovich의 방법으로 조사하시오. 적분영역은 장방형 $-a \le x \le a\,,\,-b \le x \le b$이다. $z(x,\,y)$는 적분영역의 경계에서 0으로 된다.

[해] 이 범함수는 막위의 각 점에 −1의 힘 (즉 z축의 양의 방향으로 단위크기의 힘)이 작용할 때 막의 형상을 구하는 문제이다. Poisson방정식 $\Delta z = -1$로 표현된다. 기저함수 $w_1(x,y)$는 경계 $y=b\,,\,y=-b$에서 경계조건을 만족해야 하므로

$$w_1(x\,,\,y) = (b+y)(b-y) = b^2 - y^2 \qquad (1)$$

으로 한다. 따라서

$$z_1 = w_1(x)(b^2 - y^2) \qquad (2)$$

$$v(z_1) = \int_{-c}^{a}\int_{-b}^{b}\left[u'^2(b^2-y^2)^2 + 4u_1^2y^2 - 2u_1(b^2-y^2)\right]dxdy$$

$$= \int_{-a}^{a}\left[u_1'(b^4y - \frac{2}{3}b^2y^3 + \frac{y^5}{5}) + \frac{4}{3}u_1^2y^3 - 2u_1b^2y + \frac{2}{3}u_1y^3\right]_{-b}^{b}dx \qquad (3)$$

$$= \int_{-a}^{a}(\frac{16}{15}b^5u'^2 + \frac{8}{3}b^3u^2 - \frac{8}{3}b^3u)dx$$

이 범함수에 대한 Euler 방정식은

$$F_u - \frac{d}{dx}F_{u'} = 0$$

이므로

$$u'' - \frac{5}{2b^2}u = -\frac{5}{4b^2} \qquad (4)$$

로 된다. 이는 정수계수의 선형미분 방정식이므로, 그 일반해는

$$u_1 = c_1\cosh\sqrt{5/2}\,\frac{x}{b} + c_2\sinh\sqrt{5/2}\,\frac{x}{b} + \frac{1}{2} \qquad (5)$$

로 된다. 여기서 정수 c_1, c_2는 경계조건

$$z(a, y) = 0,\ z(-a, y) = 0$$

로 정해진다. 즉,

$$c_2 = 0,\quad c_1 = -\frac{1}{2\cosh\sqrt{5/2}\,\frac{a}{b}} \qquad (6)$$

이고, 식(6)을 식(5)의 u_1에 대입하면

$$u_1 = \frac{1}{2}\left(1 - \frac{\cosh\sqrt{5/2}\,\frac{x}{b}}{\cosh\sqrt{5/2}\,\frac{a}{b}}\right) \qquad (7)$$

따라서

$$z_1 = u_1(x)(b^2 - y^2) = \frac{1}{2}(b^2 - y^2)\left(1 - \frac{\cosh\sqrt{5/2}\,\frac{x}{b}}{\cosh\sqrt{5/2}\,\frac{a}{b}}\right) \tag{8}$$

한편 더욱 정확한 해를 얻고자 하면, 기저함수의 수를 증가시키면 된다.

Chapter 7

변분원리의 응용

탄성체의 경우 기초방정식을 풀면, 탄성체내의 응력분포나 변형율분포 등을 얻을 수 있으나 엄밀해를 얻는 것은 매우 어려우므로, 실용적인 측면에서 거의 대부분이 근사해를 구하게 된다. 이러한 경우 가상일의 원리나 변분원리가 근사해를 구하는데 중요한 역활을 하게 되는 것은 널리 알려져 있다. 즉 이들1 원리가 근사적인 지배방정식과 이것에 대응하는 경계조건식을 유도할 때에 중요한 지침을 제공하며, 또 이와같 이 하여 유도된 지배방정식의 물리적 의미를 파악하는데 매우 유효한 것이 적지않다. 유한요소법에 있어서, 연속체를 수많은 유한크기의 요소로 가상적으로 분할하고, 그 연속체를 이러한 요소의 집합체로서 취급하기 때문에, 이러한 방법에 의해 얻어진 해 가 근사해인 것은 명확하다.

7장에서는 유한요소법에 의해 구조해석 등을 하는 경우에 기본원리로 이용되는 변분원리로서, 가상일의 원리, D'Alembert의 원리, Hamilton의 원리, 최소포텐셜의 원리 등에 대해 설명한다.

7.1 가상일의 원리

하나의 질점(点)이 이것에 작용하는 몇 개의 힘의 작용하에서 평형상태에 있을 때, 이 질점에 임의 미소한 가상변위(virtual displacement)를 가하여도 질점에 작용하는 모든 힘이 이 가상변위에 의해 이루는 일의 총합은 0이다. 이를 가상일의 원리 (principle of virtual work) 또는 가상변위의 원리라 한다.

이 원리는 Stevinus(1548~1620)가 도르래의 평형문제를 연구중에 제안된 것으로, Galileo(1564-1642)가 경사면 위에서의 물체운동의 연구에 적용하였다. 그 후 John Bernoulli가 1717년 가상속도의 원리로 명명하였으며, 이후 사용대상에 따라 가상일, 가상속도 또는 가상변위 등으로 변경되었다. 이 원리는 정역학의 평형문제에 널리 이용되며, 계에 작용하는 모든 힘을 고려하지 않아도 된다. 동력학적인 문제에서 운동방정식의 유도에도 사용된다.

먼저 가상변위의 원리에 대한 일반적인 설명을 하고, 이를 탄성체에 확장하도록 한다.

Lagrange는 그의 저서「해석역학」의 제 1부에서 정역학에 관해 다루면서 정역학의 원리를 「가상속도의 원리」로 총괄하고 있다. 그는 「내가 믿는 한에 있어서는 평형의 과학에서 금후 일반원리가 발견된다고 하여도 그것은 가상속도의 원리와 같은 것으로 단지 그것을 다루는 방법과 표현이 다른 것에 불과하다 해도 좋을 것이다.」라고 표현하면서, 그 원리를 다음과 같이 설명하고 있다.

"각각 어떠한 힘에 의해 잡아당겨지고 있는 임의 개수의 물체 또는 질점으로 이루어지는 하나의 계가 평형을 이루는 경우, 이 계에 어떠한 작은 운동(속도)을 가하고 그 결과 각 질점이 무한소의 거리(이 거리가 가상속도의 측도를 나타낸다.)를 통과한다고 한다면, 힘이 작용하고 있는 점이 그 힘의 방향으로 경과한 거리와 그 힘의 곱의 총합은 항상 영과 같다.

단, 그 미소거리는 힘의 향으로 경과했을 때에는 양, 힘과 반대의 향일 때는 음으로 간주하는 것으로 한다."

이를 좀 더 현대식으로 표현하면 다음과 같다.

이제 어느 조건으로 구속되어 있는 복수개의 질점의 각각에 F_1, F_2, …의 힘이 작용하고 있다고 하자. 구속조건이란, 예를 들어 지렛대에서는 지점으로부터의 거리가 일정하고, 도르레에서는 줄의 길이가 불변이며, 강체에서는 질점사이의 거리가 불변이고, 강체 면상의 질점의 운동에서는 변위가 법선방향에 수직이라 하고 하는 조건이다. 이때 평형은 각 질점에 이 구속조건을 깨지 않는 형으로 무한소 변위(즉 가성변위) $\delta r_1, \delta r_2$, …를 가하면

$$(F_1 \cdot \delta r_1) + (F_2 \cdot \delta r_2) + \ldots = 0 \tag{7.1}$$

를 만족한다고 하는 식으로 나타내어진다. 이 식이 「가상속도의 원리」 이고, 현재의 용어로는 「가상변위의 원리」를 나타낸다.

예로 그림 7.1과 같이 x_i의 위치 m_i의 질점이 놓여진 질량을 무시할 수 있는 굽혀지지 않는 봉의 평형위치 x를 구하는 문제를 생각하자. 각각의 m_i에 상하방향의 가상변위 δy_i를 가하면, 식(7.1)은 다음과 같이 된다.

$$\sum_i m_i g \, \delta y_i = 0 \tag{7.2}$$

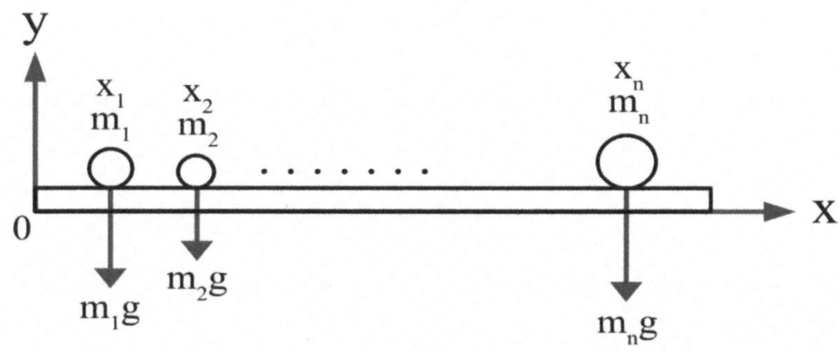

그림 7-1

한편 질점은 모두 봉위에 있다고 하는 구속조건에 의해 δy_i의 사이에

$$\frac{\delta y_1}{x-x_1}=\frac{\delta y_2}{x-x_2}= \dots =\frac{\delta y_n}{x-x_n} \tag{7.3}$$

의 관계가 성립한다. 이것에 의해 평형위치는 x는

$$\sum_i m_i g(x-x_i)=0 \tag{7.4}$$

로 되어 다음과 같이 x가 구하여진다.

$$x=\frac{\sum_i m_i x_i}{\sum_i m_i} \tag{7.5}$$

즉, 평형위치는 무게중심에 있다는 것을 알 수 있다.

다음에 이 정리를 3차원의 물체에 확장하여 보자.

주어진 가성변위의 x, y, z 방향성분을 각각 $\delta u, \delta v, \delta w$,질점에 작용하는 힘의 x, y, z 방향성분의 총합을 $\sum F_x$, $\sum F_y$, $\sum F_z$ 라 하면, 가성변위에 의해 한일은 각각 $\delta u \sum F_x$, $\delta v \sum F_y$, $\delta w \sum F_z$ 가 된다. 따라서 가상일은

$$\delta u \sum F_x + \delta v \sum F_y + \delta w \sum F_z = 0 \tag{7.6}$$

임의 가상변위 δu, δv, δw에 대해 윗식이 성립하므로, 다음의 관계식이 얻어진다.

$$\sum F_x = 0,\ \sum F_y = 0\ ,\ \sum F_z = 0 \tag{7.7}$$

이는 절점에 작용하는 힘의 평형조건식이다. 그러므로 가상일의 원리의 식 (7.6)과 평형조건식 (7.7)은 등가이다.

이는 외력작용(표면력, 체적력)하에서 평형상태에 있는 탄성체에도 성립한다. 물체는 주어진 체적력 및 경계조건하에서 평형상태에 있고, 이때의 응력을 σ_x , σ_y , $\cdots$, τ_{xy}로 나타낸다.(그림 7.2). 평형방정식은 물체의 영역 내에서

$$\begin{aligned}
&\frac{\partial \sigma_x}{\partial x} + \frac{\partial \tau_{xy}}{\partial y} + \frac{\partial \tau_{zx}}{\partial z} + \overline{X} = 0 \\
&\frac{\partial \tau_{xy}}{\partial x} + \frac{\partial \sigma_y}{\partial y} + \frac{\partial \tau_{yz}}{\partial z} + \overline{Y} = 0 \\
&\frac{\partial \tau_{zx}}{\partial x} + \frac{\partial \tau_{yz}}{\partial y} + \frac{\partial \sigma_z}{\partial z} + \overline{Z} = 0
\end{aligned} \tag{7.8}$$

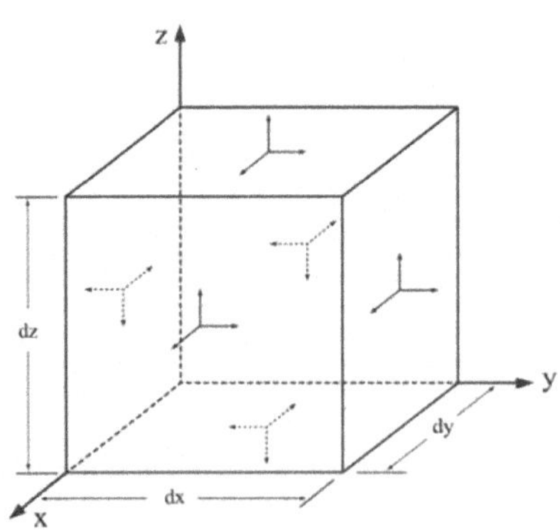

그림 7-2

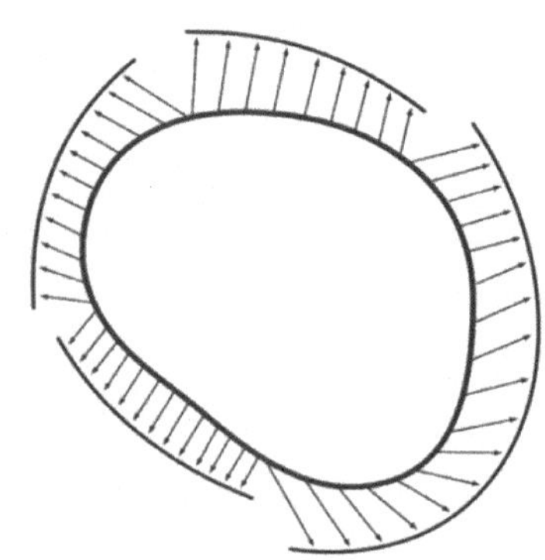

그림 7-3

로 표현되고, 역학적 경계조건식으로 경계에서

$$T_x = \overline{T_x}\ ,\ T_y = \overline{T_y}\ ,\ T_z = \overline{T_z} \tag{7.9}$$

여기서

$$T_x = \sigma_x n_x + \tau_{xy} n_y + \tau_{zx} n_z$$

$$T_y = \tau_{xy} n_x + \sigma_y n_y + \tau_{yz} n_z$$

$$T_z = \tau_{zx} n_x + \tau_{yz} n_y + \sigma_z n_z$$

식 (7.8)에서 $\overline{X}\,,\overline{Y}\,,\overline{Z}$는 물체력을 나타내고, $\overline{T_x}\,,\overline{T_y}\,,\overline{T_z}$는 물체영역의 경계중 역학적 경계조건이 주어진 경계상에 작용하는 표면력이다. (그림 7.3). 그리고 $n_x\,,n_y\,,n_z$는 경계조건을 만족하는 상태에서 임의 미소 가상변위 $\delta u\,,\delta v\,,\delta w$를 이용하면

$$\begin{aligned}
&-\iiint_V [(\frac{\partial \sigma_x}{\partial x} + \frac{\partial \tau_{xy}}{\partial y} + \frac{\partial \tau_{zx}}{\partial z})\delta u + (\frac{\partial \tau_{xy}}{\partial x} + \frac{\partial \sigma_y}{\partial y} + \frac{\partial \tau_{yz}}{\partial z})\delta v \\
&\qquad + (\frac{\partial \tau_{zx}}{\partial x} + \frac{\partial \tau_{yz}}{\partial y} + \frac{\partial \sigma_z}{\partial z})\delta w] dxdxydz \\
&-\iiint_V (\overline{X}\delta u + \overline{Y}\delta v + \overline{Z}\delta w) dxdydz \\
&+\iint_{S\sigma} [(T_x - \overline{T_x})\delta u + (T_y - \overline{T_y})\delta v + (T_z - \overline{T_z})\delta w] dS = 0
\end{aligned} \tag{7.10}$$

이 성립한다.여기서 dS는 표면상의 면적요소이다. 식 (7.10)의 첫 적분항은 내력, 즉 응력이 한 일을 나타내고, 둘째 및 셋째 적분항은 각각 물체력(체적력)과 표면력이 한 일을 나태낸다. 이후 가정변위는 S_u상의 기하학적 경계조건을 만족하는 것으로 한다.

즉,

$$S_u \text{ 상에서 } \delta u = 0\ ,\ \delta v = 0\ ,\ \delta w = 0 \tag{7.11}$$

라 하는 구속조건을 준다. 그러면 표면 S위에서 성립하는 기하학적인 관계식

$$dydz = \pm\, ldS\,,\ dzdx = \pm\, mdS\,,\ dxdy = \pm\, ndS \tag{7.12}$$

를 이용하면, 식 (7.10)의 좌변 첫항은

$$\iiint_V \frac{\partial \sigma_x}{\partial x}\delta u\, dxdydz = \iint_S \sigma_x\, l\,\delta u\, dS - \iiint_V \sigma_x \frac{\partial \delta u}{\partial x} dxdydz \text{ (Green 정리)} \tag{7.12}$$

로 되고, 다른 항도 같은 방법으로 부분적분이 되어, 결국 식 (7.10)은 다음과 같이 변형된다,

$$\begin{aligned}&\iiint_V (\sigma_x\,\delta\varepsilon_x + \sigma_y\delta\varepsilon_y + \sigma_z\,\delta\varepsilon_z + \tau_{xy}\delta r_{xy} + \tau_{yz}\delta r_{yz} + \tau_{zx}\delta r_{zx})dV \\ &- \iiint_V (\overline{X}\delta u + \overline{Y}\delta v + \overline{Z}\delta w)dV \\ &- \iint_{S\sigma} (\overline{T}_x\delta u + \overline{T}_y\delta v + \overline{T}_z\delta w)dS = 0\end{aligned} \tag{7.13}$$

여기서

$$\begin{aligned}&\delta\varepsilon_x = \delta\left(\frac{\partial u}{\partial x}\right) = \frac{\partial \delta u}{\partial x}\,,\ \delta\varepsilon_y = \frac{\partial \delta v}{\partial y}\,,\ \delta\varepsilon_z = \frac{\partial \delta w}{\partial z} \\ &\delta r_{xy} = \delta\left(\frac{\partial v}{\partial x} + \frac{\partial u}{\partial y}\right) = \frac{\partial \delta v}{\partial x} + \frac{\partial \delta u}{\partial y}\,,\ \delta r_{yz} = \frac{\partial \delta w}{\partial y} + \frac{\partial \delta v}{\partial z}\,,\ \delta r_{zx} = \frac{\partial \delta u}{\partial z} + \frac{\partial \delta w}{\partial x}\end{aligned} \tag{7.13}$$

이고, $dV = dxdydz$는 체적요소이다. 식 (7.13)은 미소변위 탄성문제에 대한 가상일의 원리이다. 이는 또한 가상변위의 원리(principle of virtual displacement)라고도 한다. 식 (7.13)의 좌변 제1항은 미소 6면체에 작용하는 응력과 체적력이 가상 변위와 이루는 일을 나타내고, 제2항과 3항의 적분은 각각 체적력과 $S\sigma$상의 표면력이 가상변위와 이루는 가상일을 나타낸다. 한편 식 (7.11)을 만족하는 임의 가상변위에 대한 식 (7.13)이 성립한다고 하자. 그러면 위 관계식을 역으로 생각하여, 식 (7.13)에서 식 (7.10)을 유도할 수 있다. 식 (7.10)에서 $\delta u, \delta v, \delta w$는 임의이므로, 식이 성립하기 위해서는 소괄호내의 값이 0이 되어야 한다. 이로부터 평형방정식 (7.8)과 역학적 경계조건식 (7.9)가 얻어진

다. 즉 가상일의 원리는 평형방정식 및 역학적 경계조건식과 등가이다. 또 식 (7.13)을 유도하면서 응력-변형율 관계식을 이용하지 않고 있으므로, 이들과는 관계없이 성립한다. 즉 탄성문제만이 아니고 소성문제에도 가상일의 원리는 성립한다.

[예제 7.1] 그림 7.4와 같은 계의 운동방정식을 가상변위의 정리로 유도하시오.

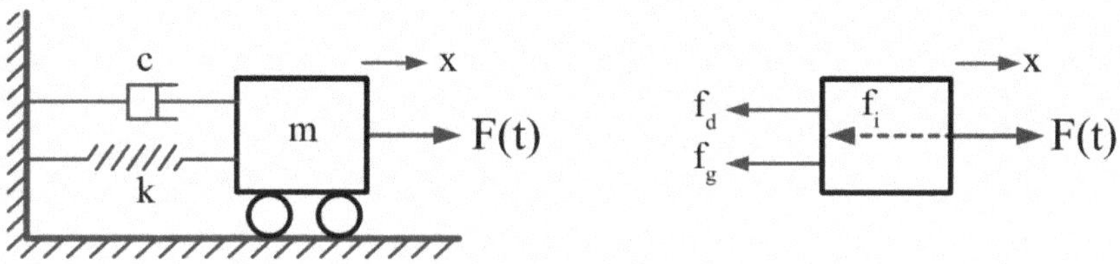

그림 7-4

[해] 그림 (a)의 질량 m에 작용하는 힘은 그림 (b)와 같이 나타낼 수 있다. 여기서 관성력 f_i도 일종의 외력이라 간주한다. 구속조건을 만족하는 가상변위 δv가 질량 m에 주어졌을 때, 이 힘이 일을 하고 계의 총일은

$$-f_i\delta v-f_d\delta v-f_s\delta v+F(t)\delta v=0 \tag{1}$$

로 주어진다. 여기서 음부호는 가상변위의 방향과 반대로 힘이 작용하는 것을 나타낸다. 관성력(f_i), 감쇠력(f_d)및 복원력 (f_s)은 각각

$$f_i=m\dot{x}\ ,\ f_d=c\dot{x}\ ,\ f_s=kx \tag{2}$$

이고, 이를 윗식에 대입하면

$$[-\dot{x}-c\dot{x}-kx+F(t)]\delta v=0 \tag{3}$$

여기서 가상변위 δv는 0 가 아니므로, 운동방정식은 다음과 같이 얻어진다.

$$m\dot{x}+c\dot{x}+kx=F(t) \tag{4}$$

7.2 D'Alembert의 원리

D'Alembert의 원리는 제안자인 D'Alembert 자신에 의한 표현으로 알기 어렵고 사용하기도 어렵기 때문에 현재 우리들이 사용하고 있는 이 원리는 이후 1788년에 초판출판된 Lagrange의 「해석역학」에서 그 자신이 불완전한 부분을 고치고 재정식화한 것이다. 그의 저서 제 2부는 동역학에 할당되고 있고, D'Alembert와 같이 「힘」을 「가속력」으로 정의하고 있다.

Lagrange는 생성되는 운동, 즉 물체가 현실적으로 행하는 운동에 대해서 역방향으로 되는 운동(정미힘에 역방향의 힘)과 외력과 구속력 사이에서는 평형이 유지된다고 생각하여 문제를 정역학의 문제에 귀착시켰다. 즉 D'Alembert의 원리에서는 「무슨 일이 있어도 필요한 여러 운동의 분해를 피하기 위해서 여러 힘과 생성되는 운동(단, 역방향으로 취한다)사이의 평형을 세우는 것만으로 좋다」 난 것을 의미한다.

그래서 Lagrange는 이 D'Alembert의 원리를 가상속도의 원리와 결합하는 것에 의해 보다 취급하기 쉬운 것으로 다시 쓰는 것에 성공하였다. 즉 Lagrange는 다음과 같이 생각하였던 것이다.

질점 m_i에 작용하는 중력과 같은 기지의 힘을 F_i, 그때 질점이 실제로 얻는 가속도를 a_i로 한다. 이 기지의 힘 F_i가 D'Alembert와 Lagrange의 표현에서는 「물체에 세겨 넣어진 운동」 이라 불리워지는 것이다. 한편 m_i에 작용하는 정미힘은 $m_i a_i$이고, 이것이 「여러 물체가 현실적으로 수행하는 운동」 이다. 따라서 구속에 의한 미지의 힘을 $F_i^{'}$라 하면

$$F_i + F_i^{'} = m_i\, a_i \tag{7.14}$$

따라서 F_i, $F_i^{'}$, $-m_i a_i$의 세가지 힘으로 물체는 평형이 될 것이다. 이리하여 문제는 정역학으로 귀착되고 「가상속도」의 원리가 적용될 수 있게 된다. 바꿔말하면, 질점계에 가상변위 δr_i가 주어졌을 때, 어느 조건으로 구속되어 있는 복수개의 질점 각각에 F_1, F_2, …의 힘이 작용하고 있다고 하면

$$(F_1 \cdot \delta r_1) + (F_2 \cdot \delta r_2) + \ldots = 0 \tag{7.15}$$

을 만족한다고 하는 「가상속도의 원리」, 즉 현대의 용어로는 「가상변위의 원리」로 표현될 수 있다. 이 식에 (7.14)의 세힘을 대입하여 표현하면,

$$\sum_i ((F_i + F_i^{'} - m_i a_i) \cdot g r_i) = 0 \tag{7.16}$$

이 성립하는 것이 된다.

다른 한편 구속족건에 의한 힘 $F_i^{'}$, 즉 소실되는 여러운동은 많은 경우 그것만으로 평형이 되고 있다. 따라서 그것만을 식 (7.15)에 대입하면

$$\sum_i (F_i^{'} \cdot \delta r_i) = 0 \tag{7.17}$$

가 성립된다. 이것이 소실되는 여러 운동만으로 움직인 경우에는 「여러 물체는 평형을 이룰 것이다」를 의미하는 것이다. 실제로 예를 들면 상호거리가 일정하게 구속되어 있느 두 질점 m_1, m_2를 고려하면

$$(r_1 - r_2)^2 = \text{일정}$$

따라서

$$(r_1 - r_2) \cdot (\delta r_1 - \delta r_2) = 0 \tag{7.18}$$

이고, 한편 구속력은 그 두 점사이의 방향을 향하여

$$F_1{'} = F_2^{'} \propto (r_1 - r_2) \tag{7.19}$$

와 같이 행동하므로

$$(F_1^{'} \cdot \delta r_1) + (F_2^{'} \cdot \delta r_2) = 0 \tag{7.20}$$

가 성립되고 있다. 일반적인 강체의 경우에 대해 이론을 확장하는 것은 쉽다. 또 강체면 상의 질점의 경우, 항력(법선방향)과 가상변위(접선방향)는 직교하고 있으므로 식 (7.17)이 성립한다.

이리하여 결국 식 (7.16)과 식 (7.17)에 의해

$$\sum_i ((F_i - m_i a_i) \cdot \delta r_i) = 0 \tag{7.21}$$

이 얻어진다.

여기에는 직접 알 수 없는 구속력 F_i'가 포함되지 않고, 소기의 목표가 달성되었다. 이 식 (7.21)로 표현되는 원리가 현재의「D'Alembert의 원리」라 불리우고 있는 것이다. 그러나 역사에 충실하려 한다면, 오히려「D'Alembert-Lagrange의 원리」라 고 부르는 것이 좋을 것이다. 그리고 이 원리는 번거로운 것 같으나, 복수개의 물체가 외력의 영향 하에서 상호적으로도 구속력에 의해 임의 관계를 유지하면서 운동을 하고 있을 때에 그 미지의 구속력을 이용하지 않고 기지의 힘 만으로 표현될 수 있다고 하는 것이 특색이라는 것에 유의 바란다. 덧붙여서 구속력이 본래부터 없을 때의 운동 방정식 $F_i = m_i a_i$의 우변을 단지 이항하여 $F_i - m_i a_i = 0$ 라 쓴 것을「D'Alembert의 원리」라 칭하고 있는 것을 특히 공학계의 교재 등에서 자주 보게 되나, 이것은 완전히 넌센스이다.

[예제 7.2] 그림 7.5의 예를 고려하자. 도르래의 관성모멘트를 무시한 계에서 아랫방향의 운동을 양으로 하고 가속도를 각각 $\pm a$로 하면, 중력에 의해 이루어진 운동은 각각 $m_1 g \Delta t$, $m_2 g \Delta t$가 되고 현실적으로 취하는 운동은 $m_1 a \Delta t$, $m_2 a \Delta t$ 이므로, 소실되는 운동은 그 차 $(m_1 g - m_1 a)\Delta t, (m_2 g + m_2 a)\Delta t$ 가된다. 구속력으로서 실의 장력이 작용하고 있으나, 식 (7.21)에 의해 기지의 중력만을 이용하여
바로

$$(m_1 g - m_1 \ddot{y}_1)\delta y_1 + (m_2 g - m_2 \ddot{y}_2)\delta y_2 = 0 \tag{1}$$

로 쓸 수 있다. 단 y_i는 질량 m_i의 높이이다. 구속조건 $\delta y_1 = -\delta y_2$, $\ddot{y}_1 = -\ddot{y} = a$로부터

$$-\{(m_1 + m_2)\ddot{y}_1 - (m_1 - m_2)g\}\delta y_1 = 0 \tag{2}$$

로 되고, δy_1은 임의이므로, 가속도는 윗식으로부터

$$a = \ddot{y}_1 = \frac{(m_1 - m_2)}{(m_1 + m_2)} g \tag{3}$$

로 얻어진다. 장력은 전혀 나타나고 있지 않다. 그리고 확실히 이 경우의 구속력인 장력에 대해서는 식 (7.17)로부터

$$T_1 \delta y_1 + T_2 \delta y_2 = (T_1 - T_2) \delta y_1 = 0 \tag{4}$$

가 만족되고 있다. 단, 여기서 $T_1 = T_2$이다.

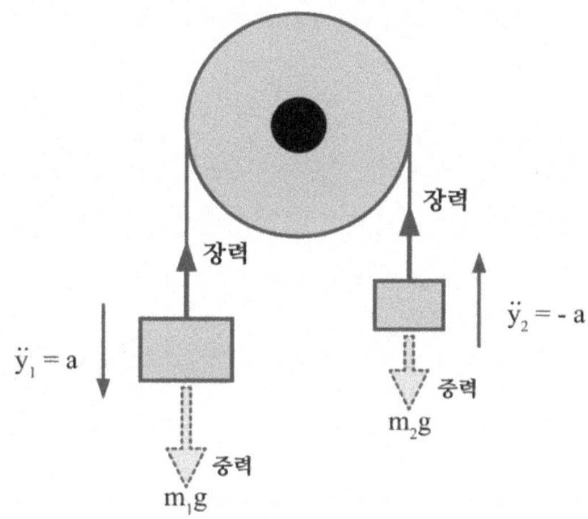

그림 7-5

7.3 에너지보존의 법칙

Lagrange는 그의 저서 「해석역학」에서 역학적 에너지보존의 법칙을 유도하고 있고, 다음과 같다.

Lagrange 방정식

$$\frac{d}{dt}\left(\frac{\partial t}{\partial \dot{q}_j}\right) - \frac{\partial T}{\partial q_i} = -\frac{\partial V}{\partial q_j} \quad (j = 1,\ 2,\ \dots,\ n) \tag{7.22}$$

의 양변에 $\dot{q}_j$를 곱하고, 모든 j에 대해 합하면

$$\sum_j \left\{ \frac{d}{dt}\left(\frac{\partial T}{\partial \dot{q}_j}\right)\dot{q}_j - \frac{\partial T}{\partial q_j}\dot{q}_j \right\} = -\sum_j \frac{\partial V}{\partial q_j}\ddot{q}_j \tag{7.23}$$

로 된다. 그런데

$$\frac{d}{dt}\left(\frac{\partial T}{\partial \dot{q}_j}\right)\dot{q}_j = \frac{d}{dt}\left(\dot{q}_j \frac{\partial T}{\partial \dot{q}_j}\right) - \frac{\partial T}{\partial \dot{q}_j}\ddot{q}_j \tag{7.24}$$

이고, 또 $T(q,\dot{q})$, $V(q)$가 어느 것도 양으로 시간 t를 포함하지 않는다고 하면

$$\begin{aligned} &\sum_j \left(\frac{\partial T}{\partial \dot{q}_j}\ddot{q}_j + \frac{\partial T}{\partial \dot{q}_j}\dot{q}_j \right) = \frac{dT}{dt} \\ &\sum_j \frac{\partial V}{\partial q_j}\dot{q}_j = \frac{dV}{dt} \end{aligned} \tag{7.25}$$

와 같이 시간도함수로 정리된다. 한편 T가 $\dot{q}_j$의 2차식으로 되기 때문에 Euler의 정리에 의해

$$\sum_j \dot{q}_j \frac{\partial T}{\partial \dot{q}_j} = 2T \tag{7.26}$$

가 성립하고, 이상을 합쳐서 식 (7.23)은

$$\frac{d}{dt}(T+V)=0 \tag{7.27}$$

로 되고, 역학적 에너지보존의 법칙

$$T+V=E(constant) \tag{7.28}$$

가 얻어진다.

Lagrange 자신은 이것을 라이프니쓰를 모방하여 보존력의 원리 (Conservative force vives)라 부르고, 그 의미를 「"$\sum_i m_i v_i^2$는 모든 물체활력의 합 또는 전 계의 활력을 제공하고, 이 활력의 합은 가속력만에 의하고 상호속박에는 의존하지 않는 양 $(2E-2V)$」와 같다."」 고 표현하고 있다(라이프니쓰는 mv^2을 활력이라 칭하고, 이것이 보전된다고 주장 함). 이상과 같이 Lagrange가 유도한 역학적 에너지보존의 법칙에서 벗어나 다른 측면에서 이 법칙을 검토하여 보기로 한다.

Lagrangian 또는 Lagrange 함수

$$L=L(q,\dot{q})=T-V \tag{7.29}$$

와 N개의 질점이 r개의 구속조건

$$f_k=(r_1,r_2,\ldots,r_n,t)=0 \quad (k=1,2,\ldots,r) \tag{7.30}$$

이 시간을 양으로 포함하지 않는다 하자. 실제로 외력이 작용하지 않는 계에서는 이것은 성립한다. 여기서 시간 t를 임의 파라메터 τ의 함수 $t=t(\tau)$로 고려해 보자. 이때

$$q=q(\tau)$$

$$\dot{q}=\frac{dq}{dt}=\frac{dq}{d\tau}\left(\frac{dt}{d\tau}\right)^{-1}=q'/t'$$

$$dt=\frac{dt}{d\tau}d\tau=t'(\tau)d\tau$$

이므로, Hamilton의 원리는 τ를 변수로서

$$\delta\int_{\tau_1}^{\tau_2} L(q(\tau)\,,\, q'(\tau)/t'(\tau))t'(\tau)\,d\tau = 0 \tag{7.31}$$

로 된다. 그러나 구속조건이 t를 양으로 포함하지 않으면, 속도

$$\delta\int_{\tau_1}^{\tau_2} L(q(\tau)\,,\, q'(\tau)/t'(\tau))t'(\tau)\,d\tau = 0 \tag{7.31}$$

로 된다. 그러나 구속조건이 t를 양으로 포함되지 않으면, 속도

$$v_i = \dot{r}_i = \sum_j \frac{\partial r_i}{\partial q_j}\dot{q}_j = \frac{1}{t'}\sum_j \frac{\partial r_i}{\partial t} \tag{7.32}$$

는 다음과 같이 된다.

$$v_i = \sum_j \frac{\partial r_i}{\partial q_j}\dot{q}_j = \frac{1}{t'}\sum_j \frac{\partial r_i}{\partial t} q_j{}' \tag{7.33}$$

아울러 $T(q\,,\,\dot{q})$는 $\dot{q}$의 2차 동차식으로 되므로

$$\begin{aligned} T(q\,,\,\dot{q}) &= \frac{1}{t'}\,T(q\,,\,\dot{q}) \\ L(q\,,\,\dot{q}) &= \frac{1}{t'}\,T(q\,,\,\dot{q}) - V(q) \end{aligned} \tag{7.34}$$

와 같이 나타내지고, 식 (7.31)은

$$\begin{aligned} &\delta\int_{\tau_1}^{\tau_2} \left(\frac{1}{t'}\,T(q\,,\,\dot{q}) - V(q)t'\right)d\tau \\ &= \delta\int_{\tau_1}^{\tau_2} \widetilde{L}(q\,,\,q'\,,\,t') \equiv \frac{1}{t'}\,T(q\,,\,q') - V(q)t' \end{aligned} \tag{7.35}$$

는 새로운 Lagrangian이다. 그리고 $t = t(\tau)$를 일반화좌표의 하나로 고려하면, 새로운 Lagrangian은 t를 양으로 표함하지 않으므로, 좌표 t에 대한 Lagrange 방정식

$$\frac{d}{d\tau}\left(\frac{\partial \tilde{L}}{\partial t'}\right) = 0 \tag{7.36}$$

로부터 t에 대응하는 일반화 운동량의 보존, 즉

$$\begin{aligned}\frac{\partial \tilde{L}}{\partial t'} &= -\frac{1}{t'^2} T(q, \dot{q}) - V(q) \\ &= -T(q, \dot{q}) - V(q) = \text{일정}\end{aligned} \tag{7.37}$$

이 얻어진다. 이 결과는 다름아닌 역학적 에너지보존의 법칙이다. 그리고 이 유도방법은 운동량보존의 법칙이 공간의 일정성의 결과였던 것과 같이 에너지보존의 법칙은 시간 t를 양으로 포함하지 않는 것, 즉 시간의 일정성의 결과인 것을 명시적으로 나타내고 있다고 말할 수 있다.

7.4 최소작용의 원리

Lagrange는 에너지보존의 법칙으로부터 다음과 같은 최소작용의 원리(principle dela moindre action)를 유도하고 있다. 즉 물체는 에너지보존의 법칙을 만족하는(결국 $T+V$가 정해진 값을 취한다.)무한히 많은 가능한 경로 중, 작용량

$$I = \int mv\, ds \tag{7.38}$$

를 최대 또는 최소로 하는 것만을 현실로 취한다고 하는 것이다 .간단히 하기위해 1질점에 대해 설명한다. 여기서 $ds = \sqrt{(dx)^2 + (dy)^2 + (dz)^2}$ 은 경로에 따른 미분 거리이고,

$v=ds/dt$는 속도이며 경로의 양단은 고정되어 있다. 이 경우 에너지보존의 법칙을 만족하고 있으므로, 속도 $v=\sqrt{2(E-V)/m}$은 공간의 각 점에서 결정되어 버리므로, 각 경로마다 그 위 점의 통과시각은 결정되어 버리지만, 한편 경로길이 s에는 그러한 제한이 없는 것에 주의바란다.

이제 질점이 현실적으로 취하는 경로를 조금 가상적으로 변경했을 때의 작용량의 변화는

$$\delta I=\int m\delta v\, ds \tag{7.39}$$

로 표현된다.

한편 에너지보존의 법칙

$$T+V=\frac{1}{2}mv^2+V=E(\text{일정})$$

을 만족하는 조건하에서 이와 같은 경로를 현실적인 것으로부터 약간 변화시키면

$$\delta T+\delta V=mv\delta v+\left(\frac{\partial V}{\partial r}\cdot\delta r\right)=0 \tag{7.40}$$

로 되어야 하지만, 여기서 v및 $\partial V/\partial r\,(=grad\,V)$는 현실적인 경로에 대응하는 것이기 때문에 운동방정식

$$m\dot{v}=-\frac{\partial V}{\partial r} \tag{7.41}$$

를 이용하여 다시 쓰면, 변분 δv, δr사이의 관계는

$$mv\delta v-m(\dot{v}\cdot\delta r)=0 \tag{7.42}$$

로 주어지는 것이 된다, 그런데

$$\dot{v}=\frac{dv}{dt}=\frac{dv}{ds}\frac{ds}{dt}=vv'$$

로 되므로 ($'$는 d/ds를 나타내고, s는 자유변수이므로 δ와 d/ds는 교환가능), 식 (7.42)의 양변을 v로 나누어

$$m\delta v - m(v' \cdot \delta r) = 0 \tag{7.43}$$

로 다시 쓸 수 있다. 또한

$$(v' \cdot \delta r) = \frac{d}{ds}(v \cdot \delta r) - (v \cdot \delta \frac{dr}{ds})$$

및

$$\delta \frac{dr}{ds} = \delta(\frac{dr}{dt}\frac{dt}{ds}) = \delta(\frac{v}{|v|}) = \frac{\delta v}{|v|} - \frac{v}{|v|^2}\delta|v|$$

따라서

$$(v \cdot \delta \frac{dr}{ds}) = \frac{1}{v}(v \cdot \delta v) - \delta v = 0$$

를 이용하면, $v \cdot v = v^2$, $\delta(v \cdot v) = 2(v \cdot \delta v) = 2v\delta v$이므로

$$m\delta v = \frac{d}{ds}\{m(v \cdot \delta r)\} = 0$$

와 같이 표현되고, 식 (7.39)에 대입하면

$$\delta I = \int \frac{d}{ds}\{m(v \cdot \delta r)\}ds = [m(v \cdot \delta r)]_{\text{시 점}}^{\text{종 료}} \tag{7.44}$$

이 얻어진다. 여기서 경로의 양단고정이라는 조건, 즉 양단에서 $\delta r = 0$를 이용하면 결국 식 (7.44)는 다음과 같이 유도된다.

$$\delta I = 0 \tag{7.45}$$

즉, 현실의 경로는 작용량이 극치 또는 정류점으로 되는 것이다.

이상과 같이 최소작용의 원리를 설명하였으나, Lagrange의 업적은 이 법칙을 발견한 것이 아니고 엄밀히는 역학적으로 증명한 것에 있다. 예부터 「자연의 모든 효과는 최대 또는 최소의 법칙에 따른다.」라고 하는 원리가 다양한 관점에서 제창되어 있었다. 그 한 예로서 1662년에 페르마에 의해 제안된 광선(光宣)의 전파에 대한 유명한 페르마의 원리가 있다. 즉 「빛이 매질을 통하여 임의 한점 P에서 Q로 전파 할 때 그 광선은 전파시간이 최소로 되도록 하는 경로를 취한다.」라고 주장하였다. 수학적으로 쓰면

$$I=\int_P^Q \frac{ds}{v} \rightarrow \min \tag{7.46}$$

여기서 v는 광속이고, 상기 식에 의해 빛의 경로가 결정되게 한다. 어떻든 Lagrange는 그의 최소작용의 원리를 처음으로 역학의 기초방정식으로부터 엄밀하게 유도하여 내었다.

역학에서의 이데올로기 논쟁

최소작용의 원리(principle of least action)는 빛에 관한 Fermat의 원리에 촉발된 Pierre Maupertuis (1698 - 1759)가 질량, 빠르기 및 통과거리의 곱인 $\int mv\,ds$는 운동 시에 최소치를 취한다고 하는 것을 형이상학적이며 신학적인 논거에서 유도하고, 이것이야말로 하나님의 존재와 뛰어난 지혜를 나타내는 것이라고 설명한 것이 최초이다. 그와 별도로 더욱 정확하게 적용범위가 넓은 형태로 최소작용의 원리를 도출한 것이 Euler였으나, Euler는 Maupertuis의 선취권을 인정하였다.

18세기 중반에 결정론적, 유물론적인 세계관을 지지하는 사람들과 목적론적, 신학적 관념을 신봉하는 사람들 사잉에서 최소작용의 원리에 관한, 이데올로기 논쟁이 있었다. 이때 Euler는 Maupertuis를 지지하며 Voltaire나 D'Alembert와 대립하였다. 논쟁의 결과, 최소작용의 원리는 형이상학으로부터 해방되어 유명한 「백과전서」 의 「우주론」 항목에서 D'Alembert는 「이것은 전혀 수학적인 원리」 라는 것을 강조하였다. 최소작용의 원리는 곧 Lagrange에 의해 Euler보다도 더욱 일반적인 질점계로 확장된 형으로 정식화되었다.

7.5 최소포텐셜 에너지의 원리

탄성체의 단위체적중에 저장되는 변형율(strain)에너지 A(또는 변형율에너지 함수라고 함)는

$$A = \frac{1}{2}(\sigma_x \varepsilon_x + \sigma_y \varepsilon_y + \sigma_z \varepsilon_z + \tau_{xy} r_{xy} + \tau_{yz} r_{yz} + \tau_{zx} r_{zx}) \tag{7.47}$$

로 정의 된다 여기서 응력벡터 $\{\sigma\}$, 변형률벡터 $\{\varepsilon\}$은 다음과 같이 정의된다.

$$\{\sigma\} = \{\sigma_x, \sigma_y, \sigma_z, \tau_{xy}, \tau_{yz}, \tau_{zx}\}^T \tag{7.48}$$

$$\{\sigma\} = \{\varepsilon_x, \varepsilon_y, \varepsilon_z, r_{xy}, r_{yz}, r_{zx}\}^T \tag{7.49}$$

그러면 변형율 에너지 함수 A는

$$A = \frac{1}{2}\{\sigma\}^T\{\varepsilon\} \tag{7.50}$$

로 쓸 수 있다. 3차원 등방성의 탄성체의 경우, 다음의 관계가 성립된다.

$$\{\sigma\} = \{D^e\}\{\varepsilon\} \tag{7.51}$$

여기서

$$[D^e] = \frac{E(1-\nu)}{(1+\nu)(1-2\nu)} \begin{bmatrix} 1 & \frac{\nu}{1-\nu} & \frac{\nu}{1-\nu} & 0 & 0 & 0 \\ & 1 & \frac{\nu}{1-\nu} & 0 & 0 & 0 \\ & & 1 & 0 & 0 & 0 \\ & & & \frac{1-2\nu}{2(1-\nu)} & 0 & 0 \\ & Symm. & & & \frac{1-2\nu}{2(1-\nu)} & 0 \\ & & & & & \frac{1-2\nu}{2(1-\nu)} \end{bmatrix}$$

그리고 E는 Young계수, ν는 Poisson의 비이다.

식 (7.52)를 변형율성분을 이용하여 쓰면 A는

$$A = \frac{1}{2}\{\varepsilon\}^T[D^e]\{\varepsilon\} \tag{7.52}$$

로 표현될 수 있다. 여기서 $[D^e]$는 대칭행렬이므로, $[D^e]^T = [D^e]$의 관계가 성립한다. 식 (7.52)를 변형율성분을 이용하여 쓰면

$$A = \frac{E\nu}{2(1+\nu)(1-2\nu)}(\varepsilon_x + \varepsilon_y + \varepsilon_z)^2 + G(\varepsilon_x^2 + \varepsilon_y^2 + \varepsilon_z^2) + \frac{G}{2}(r_{xy}^2 + r_{yz}^2 + r_{zx}^2) \tag{7.53}$$

여기서 전단탄성계수(횡탄성계수) G는 $G = \dfrac{E}{2(1+\nu)}$의 관계를 갖는다.

또한 변형율과 변위의 관계식

$$\varepsilon_x = \frac{\partial u}{\partial x}, \ \varepsilon_y = \frac{\partial v}{\partial y}, \ \varepsilon_x = \frac{\partial w}{\partial z}$$

$$r_{xy} = \frac{\partial v}{\partial x} + \frac{\partial u}{\partial y}, \ r_{yz} = \frac{\partial w}{\partial y} + \frac{\partial v}{\partial z}, \ r_{zx} = \frac{\partial u}{\partial z} + \frac{\partial w}{\partial x}$$

를 이용하면, 식 (7.53)은 변위성분을 이용하여 나타낼 수 있다.

$$\begin{aligned} A(u, v, w) = & \frac{E\nu}{2(1+\nu)(1-2\nu)}\left\{\frac{\partial u}{\partial x} + \frac{\partial v}{\partial y} + \frac{\partial w}{\partial z}\right\}^2 \\ & + G\left\{(\frac{\partial u}{\partial x})^2 + (\frac{\partial v}{\partial y})^2 + (\frac{\partial w}{\partial z})^2\right\} \\ & + \frac{1}{2}G\left\{(\frac{\partial v}{\partial x} + \frac{\partial u}{\partial y})^2 + (\frac{\partial w}{\partial y} + \frac{\partial v}{\partial z})^2 + (\frac{\partial u}{\partial z} + \frac{\partial w}{\partial x})^2\right\} \end{aligned} \tag{7.54}$$

식 (7.54)에서 변형률에너지함수를 이용하여 A의 함수, 즉 범함수 v_A를 다음과 같이 정의 한다.

$$
\begin{aligned}
v_A = & \int_V \{A(u, v, w) - (\overline{X}u + \overline{Y}v + \overline{Z}w)\} dV \\
& - \int_S (\overline{T_x}\, u + \overline{T_y}\, v + \overline{T_z}\, w) dS
\end{aligned}
\tag{7.55}
$$

여기서 u, v, w는 S_u상에서 기하학적 경계조건을 만족하는 임의의 연속함수로, 이러한 조건을 만족하는 함수를 허용함수(admissible function)라 한다. 식 (7.55)의 우변 이와 같은 v_A에 관해 u, v, w가 평형방정식과 역학적 경계조건을 만족하는 올바른 해일 때 v_A 는 최소로 된다. 이 원리를 **최소 포텐셜에너지의 원리**(principle of minimum potential energy)라 한다. 이를 증명하기 위하여, 올바른 해의 변위성분을 u, v, w라 하고, 기하학적 경계조건을 만족하는 임의 변위성분을 u^*, v^*, w^*로 하여 $u^* = u + \delta u$, $v^* = v + \delta v$, $w^* = w + \delta w$ 로 표현할 수 있다고 하자. 이때 Taylor전개를 하면 범함수 v_A는

$$
\begin{aligned}
v_A(u^*, v^*, w^*) &= v_A(u + \delta u, v + \delta v, w + \delta w) \\
&= v_A(u, v, w) + \delta v_A + \delta^2 v_A
\end{aligned}
\tag{7.56}
$$

로 쓸 수 있다. 여기서 우변 제 2,3항은 각가 제 1차변분과 제 2차변분이 된다. 정해의 응력성분을 각각 $\sigma_x, \sigma_y, \sigma_z, \tau_{xy}, \tau_{yz}, \tau_{zx}$라 하고, δv_A와 δv_A^2를 구하면

$$
\begin{aligned}
\delta v_A = & \int_V [\, \sigma_x (\frac{\partial \delta u}{\partial x}) + \sigma_y (\frac{\partial \delta v}{\partial y}) + \sigma_z (\frac{\partial \delta w}{\partial z}) + \tau_{xy} (\frac{\partial \delta v}{\partial x} + \frac{\partial \delta u}{\partial y}) \\
& + \tau_{yz} (\frac{\partial \delta w}{\partial y} + \frac{\partial \delta v}{\partial z}) + \tau_{zx} (\frac{\partial \delta u}{\partial z} + \frac{\partial \delta w}{\partial x}) - (\overline{X}\delta u + \overline{Y}\delta v + \overline{Z}\delta w)]\, dV \\
& - \int_{S_\sigma} (\overline{T}_x \delta u + \overline{T}_y \delta v + \overline{T}_z \delta w) dS
\end{aligned}
\tag{7.57}
$$

$$
\delta^2 v_A = \int_V A(\delta u, \delta v, \delta w) dV \tag{7.58}
$$

여기서 응력성분들은 정해이므로 평형방정식과 S_σ상의 역학적 경계조건을 만족할것과 S_u상에서는 $\delta u = \delta v = \delta w = 0$인 것을 고려하면, 극치를 갖기 위한 필요조건으로

$$\delta v_A = 0$$

이 되고, 또 변형율에너지 함수 A는 식 (7.54)로부터 알 수 있듯이 양의 제곱형이므로

$$\delta v_A \geq 0$$

가 성립한다. 이상으로부터 임의 허용변위 u^*, v^*, w^*에 대해

$$v_A = (u^*, v^*, w^*) \geq v_A(u, v, w) \tag{7.59}$$

의 조건으로 얻어진다. 이는 극치를 갖는 변위성분 u, v, w가 포텐셜에너지 v_A를 최소로 하는 것을 나타내고 있다. 이로서 최소 포텐셜 에너지 원리가 증명된다.

[예제 7.3] 3개의 부재로 이루어진 좌우대칭 트로스 최소 포텐셜에너지의 원리로 설명하시오. 단 각 부재의 단면적을 A, 축력을 p_{11}, p_{12}, p_{13},늘어난 길이를 $\delta_{11}, \delta_{12}, \delta_{13}$,절점의 1의 x축방향의 변위를 u_1으로 한다.

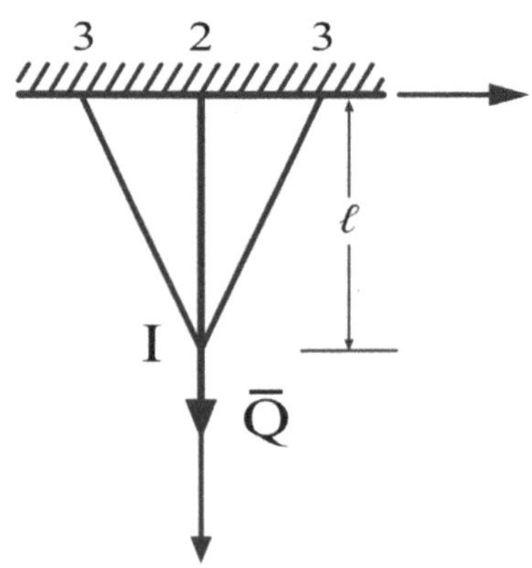

그림 7-6

[해] 각 부재의 변형율에너지 V를 구하면

$$V_{12} = \frac{1}{2}\frac{AE}{l_{12}}\delta_{12}^2 = \frac{1}{2}\frac{AE}{l_{12}}u_1^2$$

$$V_{13} = \frac{1}{2}\frac{AE}{l_{13}}\delta_{13}^2 = \frac{1}{2}\frac{AE}{(l/\cos\alpha)}(u_1\cos\alpha)^2 \tag{1}$$

$$= \frac{1}{2}\frac{AE}{l}\cos^3\alpha\, u_1^2$$

부재 13은 두 개이므로, 트러스 전체의 변형율에너지는

$$V_s = V_{12} + 2V_{13} \tag{2}$$

또 외력 $\overline{Q}$의 포텐셜은

$$V_s = -\overline{Q}u_1 \tag{3}$$

트러스의 총 포텐셜에너지 V는

$$\begin{aligned} V(u_1) &= V_{12} + 2V_{13} - \overline{Q}u_1 \\ &= \frac{1}{2}\frac{AE}{l}u_1^2 + \frac{AE}{l}cos^3 u_1^2 - \overline{Q}u_1 \end{aligned} \tag{4}$$

식(4)의 일반적인 범함수는 식(7.55)러 표현된다.
$V(u_1)$을 최소로 하는 u_1이 올바른 해를 제공한다는 것이 최소 포텐셜에너지의 원리이므로, $V(u_1)$의 u_1에 대한 정류조건은

$$\frac{\partial V}{\partial u_1} = \frac{AE}{l}u_1 + 2\frac{AE}{l}cos^3\alpha\, u_1 - \overline{Q} = 0 \tag{5}$$

이고, 이로부터 절점 1의 변위 u_1이 얻진다.

$$u_1 = \frac{\overline{Q}l}{AE(1 + 2\cos^3\alpha)} \tag{6}$$

[예제 7.4] 앞의 예제를 Lagrange 곱수법을 이용하여 설명하시오.

[해] 구속조건식으로 부재의 늘어난 길이와 절점 변위의 관계를 이용하면

$$\delta_{12} = u_1 \, , \, \delta_{13} = u_1 \cos\alpha \tag{1}$$

가 되므로

$$\begin{aligned} q_1 &= \delta_{12} - u_1 \\ q_2 &= \delta_{13} - u_1 \cos\alpha \end{aligned} \tag{2}$$

로 표현된다. 이 식들에 각각 Lagrange 미정곱수 λ_1 , λ_2를 곱하여 범함수 v_1을 표현하면,

$$\begin{aligned} v_1 = \frac{1}{2}\frac{AE}{l_{12}}\delta_{12} + \frac{AE}{l_{13}}\delta_{13^2} - \overline{Q}u_1 \\ - \lambda_1(\delta_{12} - u_1) - 2\lambda_2(\delta_{13} - u_1\cos\alpha) \end{aligned} \tag{3}$$

식(3)은 독립변수 $\delta_{12} , \delta_{13} , u_1$과 미지정수 λ_1 , λ_2를 포함한다. 최소 포텐셜 에너지의 원리는 다음과 같이 "올바른 해는 식(3)의 $\delta_{12} , \delta_{13} , u_1 , \lambda_1 , \lambda_2$에 관한 정류조건에 의해 얻어진다."라는 원리로 변환된다. 즉 정류 조건식은

$$\begin{aligned} \frac{\partial v_1}{\partial \delta_{12}} &= \frac{AE}{l_{12}}\delta_{12} - \lambda_1 = 0 \\ \frac{\partial v_1}{\partial \delta_{13}} &= \frac{AE}{l_{13}}\delta_{13} - \lambda_2 = 0 \\ \frac{\partial v_1}{\partial u_1} &= \lambda_1 + 2\lambda_2\cos\alpha - \overline{Q} = 0 \\ \frac{\partial v_1}{\partial \lambda_1} &= \delta_{12} - u_1 = 0 \\ \frac{\partial v_1}{\partial \lambda_2} &= \delta_{13} - u_1\cos\alpha = 0 \end{aligned} \tag{4}$$

식(4)는 5개의 미지수 $\delta_{12}, \delta_{13}, u_1, \lambda_1, \lambda_2$로 이루어진5개의 연립방정식이므로, 이를 풀면 해를 얻을 수 있다. 즉

$$\begin{aligned} u_1 &= \frac{\overline{Q}l}{AE(1+2\cos^3\alpha)} \\ \delta_{12} &= u_1 \, , \, \delta_{13} = u_1\cos\alpha \\ \lambda_1 &= \frac{AE}{l}u_1 \, , \, \lambda_2 = \frac{AE}{l}u_1\cos\alpha \end{aligned} \tag{5}$$

로 얻어지며, u_1은 앞의 예제에서 얻은 값과 일치한다.

최소 포텐셜 에너지에 기초한 근사해법으로 유명한 Rayleigh-Ritz법이 있다, 이 방법은 먼저 변위성분 u, v, w를

$$\begin{aligned} u(x, y, z) &= u_0(x, y, z) + \sum_{i=1}^{n} a_i u_i(x, y, z) \\ v(x, y, z) &= v_0(x, y, z) + \sum_{i=1}^{n} b_i v_i(x, y, z) \\ w(x, y, z) &= w_0(x, y, z) + \sum_{i=1}^{n} c_i w_i(x, y, z) \end{aligned} \tag{7.60}$$

와 같이 가정한다. 여기서 $u_0, v_0, w_0, u_i, v_i, w_i$는 S_u상에서

$$\begin{aligned} & u_0 = \overline{u} \, , \, v_0 = \overline{v} \, , \, w_0 = \overline{w} \\ & u_i = 0 \, , \, v_i = 0 \, , \, w_i = 0 \;\; (i = 1, 2, \dots, n) \end{aligned} \tag{7.61}$$

를 만족하도록 적당히 선정한 함수이고 a_i, b_i, c_i는 임의 정수이다. 식 (7.60)과 같이 선정한 u, v, w는 a_i, b_i, c_i에 관계없이 변위의 경계조건을 만족하는 함수를 나타내고 있다. 식 (7.60)을 식 (7.55)의 범함수에 대입하고 적분을 하면 v_A는 $a_i, b_i, c_i \; (i = 1, 2, \dots, n)$의 함수로 된다. a_i, b_i, c_i를 여러 가지로 변화하면 그것에 대응하여 v_A값도 변화하게 되고,

그 중에서 v_A의 값을 최소로 하는 것을 a_i, b_i, c_i의 값으로 하는 것이 Rayleigh-Ritz의 방법이다. 즉

$$\frac{\partial v_A}{\partial a_i}=0,\ \frac{\partial v_A}{\partial b_i}=0,\ \frac{\partial v_A}{\partial c_i}=0\ \ (i=1,2,\dots,n) \tag{7.62}$$

로부터 a_i, b_i, c_i $(i=1,2,\dots,n)$에 관한 $2n$개의 연립 방정식이 얻어진다. 이들 방정식을 풀어서 a_i, b_i, c_i개의 값을 결정하고, 이를 식 (7.60)의 우변에 대입하여 u, v, w의 근사해를 얻는 것이다.

7.6 Hamilton의 원리

정역학의 가상일의 원리에 대해 이에 대응하는 동역학의 변분원리로서 Hamilton의 원리가 성립된다. 종래의 Newton의 운동법칙은 단지 단일질점계에 적용되며 계의 개개 질점운동을 표현한다. Lagrange는 이런 형태의 synthesis를 일반적인 경우에 적용하여, 유한 자유도계의 운동을 결정하는 방정식을 유도하였다.

Lagrange와 다른 전체하에서 Hamilton은 어떤 유한계의 운동을 결정하는 가상일의 정리의 일반화를 유도하였다. 그는 종래의 방법과 다르게 동역학의 일반문제를 공식화하였다. 실제 동역학 문제에서 물체의 위치와 일반화 속도는 통상적으로 초기순간 t_0의 경우 에 대해 주어진다. 그러면 후속의 운동이 결정되어진다. 이러한 변분처리(variational treatment)를 위해 공식화가 힘든 이 문제 대신에 Hamilton은

"만일 두 주어진 순간 t_0와 t_1에서의 위치를 안다면, 운동은 어떻게 될까?"

를 구하였다.

이 문제의 중요성은 우리가 하나의 단순한 예, 즉 어떤 힘의 작용이 없이 평면내에서 운동하는 질점의 경우에 대한 Hamilton 문제를 풀면 명확해질 것이다. 질점이 어느 순간 t_0에서 주어진 점 $(x_0\,,\,y_0)$에 있고, 또 다른 순간 t_1에서 다른 점 $(x_1\,,\,y_1)$에 있다고 하자. Newton의 운동방정식은

$$\frac{d^2x}{dt^2}=0\,,\ \frac{d^2y}{dt^2}=0 \tag{7.63}$$

로 풀 수 있다. 이 식을 적분하면

$$x=at+b\,,\ y=ct+d \tag{7.64}$$

여기서 a, b, c, d는 상수이고, 주어진 초기 (t_0)및 최종 (t_1)조건에 의해 결정된다.

즉,

$$\begin{aligned} x_0 &= at_0+b\,,\ y_0=ct_0+d \\ x_1 &= at_1+b\,,\ y_1=ct_1+d \end{aligned} \tag{7.65}$$

여기서 $t\neq t_1$이므로, 이 식은 일정하다. 따라서 이 예에서 Hamilton 문제는 하나의 해를 갖는다.

Hamilton은 "외력이 가상력인 관성력에 의해 표현된다면, 정역학의 법칙이 운동법칙으로 변환될 수 있다."는 D′Alembert의 원리를 인용하였다. 그리고 이 원리를 사용하여 운동역학(kinetics)에 가상일의 정리를 확장하였다.

계가 가상변위를 받을 때, 어느 주어진 질점의 직교좌표계$(x\,,\,y\,,\,z)$는 미소증분 $(\delta u\,,\,\delta v\,,\,\delta w)$을 일으킨다. 질량 m의 질점이 점 $(x\,,\,y\,,\,z)$에서 $(x+\delta u\,,\,y+\delta v\,,\,z+\delta w)$으로 미소 변위 했을 때, 수행되는 관성력에 의한 일은

$$-m(\ddot{x}+\delta u\,,\,\ddot{y}+\delta v\,,\,\ddot{z}+\delta w)$$

이다. 이는 미소가상변위$(\delta u\,,\,\delta v\,,\,\delta w)$에 대한 선형식이므로, 질점의 관성력에 의한 가상일의 1차변분(first variation)이다. 결국 계의 모든 관성력의 가상일의 1차변분은

$$-\sum m(\ddot{x}\delta u + \ddot{y}\delta v + \ddot{z}\delta w) \tag{7.66}$$

로 표현되고, 이 합은 모든 질점에 대한 확장이다.

비관성력에 의한 가상일의 1차변분을 δW로 표현하면, 관성력에 의한 가상일과 δW로 표시되는 운동역학에서 가상일의 정리를 확장하면

$$\delta W - \sum m(\ddot{x}\delta u + \ddot{y}\delta v + \ddot{z}\delta w) = 0 \tag{7.67}$$

를 얻는다. 이는 Hamilton이 발견한 동력학의 일반 이론으로 변분방정식이다. 이는 구속조건(constrains)과 일치하는 모든 가상변위의 경우에 성립한다. 식 (7.67)은 가역계(reversible system)에 한정된다. 이는 만약 그렇지 않으면 가상일의 정리의 변분형이 정리될 수 없기 때문이다. 어떻든 만일 외력이 공간내의 분리(격리)점에서 단지 불연속이라면, 식 (7.67)은 이점을 제외하면 타당하다.

동력학에 대한 Hamilton의 위대한 업적의 하나는 식 (7.67)의 수학적 변환이다. 이는 식이 해석적인 목적의 경우, 매우 유용한 식을 제공하기 때문이다.

그는 시간 i_0에서 계는 주어진 위치 x_0를 갖고, 시간 t_1에서($t_1 > t_0$)계는 주어진 x_1을 갖는다고 생각하였다. 시간구간 (t_0, t_1)동안의 실제 운동은 $X = F(t)$에 의해 표시된다. 기호F는 구간 (t_0, t_1)에서 t의 모든 값에 대한 위치의 집한 X는 계를 설명하는 "경로(path)"라 불리워왔다. 이는 그림의 곡선에 의해 나타낼 수 있다.

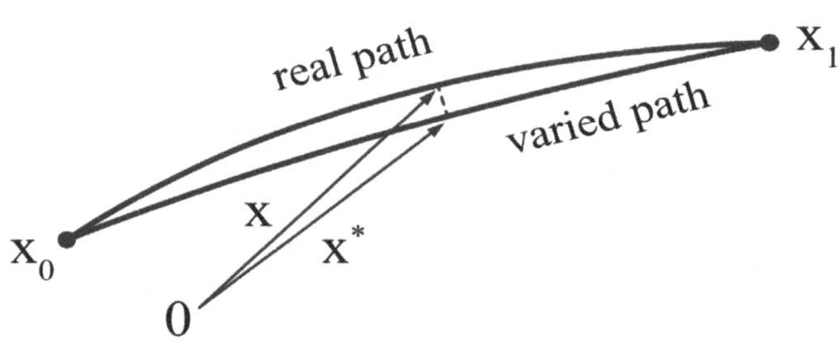

그림 7-7

문제는 함수 $F(t)$를 찾는 것이다. Hamilton은 경로 $X=F(t)$에 무한소적으로 접근하여 있는 변화경로(varied path)를 고려하였다. 변화경로 $X^*=F^*(t)$로 표시된다. 위치는 시간 t_0와 t_1에서 고정되므로, 두 경로는 동일한 양끝점을 갖는다. 즉,

$$\begin{aligned} F(t_0) &= F^*(t_0) = x_0 \\ F(t_1) &= F^*(t_1) = x_1 \end{aligned} \tag{7.68}$$

X^*-X는 X로부터 X^*에 변위를 나타낸다. 이를

$$\delta S = X^* - X \tag{7.69}$$

로 놓는다. X와 X^*는 시간 t의 함수이므로, δS는 t의 함수이다. 이 함수는 $t=t_0$ 또는 $t=t_1$에서 0이다. 가상변위 δS는 계의 질점에서 변위$(\delta u, \delta v, \delta w)$를 일으킨다. δS가 시간의 함수이므로, 변수 $(\delta u, \delta v, \delta w)$는 새로운 시간함수이다. 이 조건은 가상변위에 아무런 제한을 부가하지 않는다. 또한

$$\begin{aligned} \dot{x}\delta u &= \frac{d}{dt}(\dot{x}\delta u) - \dot{x}\delta\dot{u} \\ \dot{x}\delta v &= \frac{d}{dt}(\dot{x}\delta v) - \dot{x}\delta\dot{v} \\ \dot{x}\delta w &= \frac{d}{dt}(\dot{x}\delta w) - \dot{x}\delta\dot{w} \end{aligned} \tag{7.70}$$

의 관계도 성립되고, 그러므로 식 (7.67은) 다음과 같이 쓸 수 있다.

$$\sum m(\dot{x}\delta\dot{u} + \dot{y}\delta\dot{v} + \dot{z}\delta\dot{w}) + \delta W - \frac{d}{dt}\sum m(\dot{x}\delta\dot{u} + \dot{y}\delta\dot{v} + \dot{z}\delta\dot{w}) = 0 \tag{7.71}$$

계의 운동에너지는

$$T = \frac{1}{2}\sum m(x^2 + y^2 + z^2)$$

로 정의된다. 결국 계는 변화경로로 설명되므로, X^*점에서 운동에너지는

$$
\begin{aligned}
T+\triangle T &= \frac{1}{2}\sum m\left[(\dot{x}+\delta\dot{u})^2+(\dot{y}+\delta\dot{v})^2+(\dot{z}+\delta\dot{w})^2\right] \\
&= \frac{1}{2}\sum m\left[(\dot{x}^2+\dot{y}^2+\dot{z}^2)+(\delta\dot{u}^2+\delta\dot{v}^2+\delta\dot{w}^2)\right. \\
&\quad \left.+2(\dot{x}\delta\dot{u}+\dot{y}\delta\dot{v}+\dot{z}\delta\dot{w})\right]
\end{aligned} \tag{7.72}
$$

$(\delta\dot{u}, \delta\dot{v}, \delta\dot{w})$내에서 선형인 우변 제 3항은 T의 1차 변분이다.

$$\delta T=\sum m(\dot{x}\delta\dot{u}+\dot{y}\delta\dot{v}+\dot{z}\delta\dot{w}) \tag{7.73}$$

결국 식 (7.71)은

$$\delta T=\delta W-\frac{d}{dt}\sum m(\dot{x}\delta u+\dot{y}\delta v+\dot{z}\delta w) \tag{7.74}$$

Hamilton은 식 (7.74)의 마지막 항을 t_0와 t_1사이에 시간 t에 관해 식을 적분하는 것을 제안하였다. 식의 마지막 항은 시간 미분이므로 명백하게 적분될 수 있다. δS는 경로의 끝점에서 0이므로, 함수 $(\delta u, \delta v, \delta w)$는 시간 t_0와 t_1에서 0이다. 결국 식 (7.74)의 적분은

$$
\begin{aligned}
&\int_{t_0}^{t_1}\left\{\delta T+\delta W-\frac{d}{dt}\sum m(\dot{x}\delta u+\dot{y}\delta v+\dot{z}\delta w)\right\}dt \\
&= \int_{t_0}^{t_1}(\delta T+\delta W)dt-\left[\sum m(\dot{x}\delta u+\dot{y}\delta v+\dot{z}\delta w\right]_{t_0}^{t_1}=0
\end{aligned}
$$

이고, [ ]항은 0이 된다. 따라서 윗식은

$$
\begin{aligned}
&\int_{t_0}^{t_1}(\delta T+\delta W)dt \\
&=\delta\int_{t_0}^{t_1}(T+W)dt=\delta\int_{t_0}^{t_1}(T-W)dt
\end{aligned} \tag{7.75}
$$

식 (7.75)가 Hamilton의 원리를 정의하는 식이다. 여기서 δW가 총가상일이 아니라는 것을 주목할 필요가 있다. 이는 비관성력의 가상일이다. 예로, 계가 마찰이 없는 고정축 위로 자유로이 회전하는 휠(Wheel)이라면, 일을 수행하는 비관성력은 없으므로 $\delta W=0$이다. 그때 식 (7.75)는 운동에너지의 무한시간 적분이 정상적임을 나타낸다. 이 적분은 다음과 같다.

$$\frac{1}{2}I\int_{t_0}^{t_1}\dot{\theta}^2\,dt$$

여기서 θ는 휠의 회전각, *I*SMS 휠축에 대한 관성모멘트이며, 적분의 경우 Euler방정식은 $\ddot{\theta}=0$이고, 결국 $\dot{\theta}=$일정, 즉 휠은 일정 각속도로 회전한다.

Hamilton원리로부터 Newton 법칙의 유도

질량 m의 이동하는 물체가 위치벡터 r에 놓여 있다. 질정 변동하중 F가 작용 한다면, 그때 가상일은 $\delta W=F\cdot\delta r$이고, 역시 질점의 운동에너지는

$$T=\frac{1}{2}m\dot{r}^2$$
$$\delta T=m\dot{r}\delta\dot{r} \tag{1}$$

그러므로 Hamilton의 정리에 의해

$$\int_{t_0}^{t_1}(\delta T+\delta W)dt=\int_{t_0}^{t_1}(m\dot{r}\delta\dot{r}+F\cdot\delta r)dt$$
$$=\int_{t_0}^{t_1}\frac{d}{dt}(m\dot{r}\delta r)dt-\int_{t_0}^{t_1}m\dot{r}\delta r\,dt+\int_{t_0}^{t_1}F\cdot\delta r\,dt=0$$

따라서

$$\int_{t_0}^{t_1}(F-m\dot{r})\delta r\,dt=0 \tag{2}$$

이 관계는 모든 가상변위 δr의 경우, 참이므로

$$F - m\dot{r} = 0 \tag{3}$$

이는 Newton 제2법칙이다. 결국 Hamilton의 식은 Newton식의 보다 일반적이다. 즉 동역학의 기본법칙으로서 Hamilton의 원리가 간주되고, Newton의 법칙은 이의 특별한 결론으로 고려된다.

Hamilton 원리의 하나의 중요한 특징은 그것이 어떤 특정좌표계에 기준이 없이 수식화될 수 있다는 것이다. 역시 이는 일일이 셀 수 없는 자유도를 갖는 계에 대해 일반화 좌표 (generalized coordinate)를 이용하여 적용할 수 있다.

[예제 7.5] 그림과 같이 n개의 원판을 작는 보의 양단이 고정된 계가 비틀림진동을 할 때의 고유진동수를 구하시오. 단 보의 비틀림 가성을 k,단위 길이당의 보의 관성모멘트를 $I_1, I_2, \cdots, I_n$, 원판위치는 좌단으로부터 $I_1, I_2, \cdots, I_n$ 으로 한다.

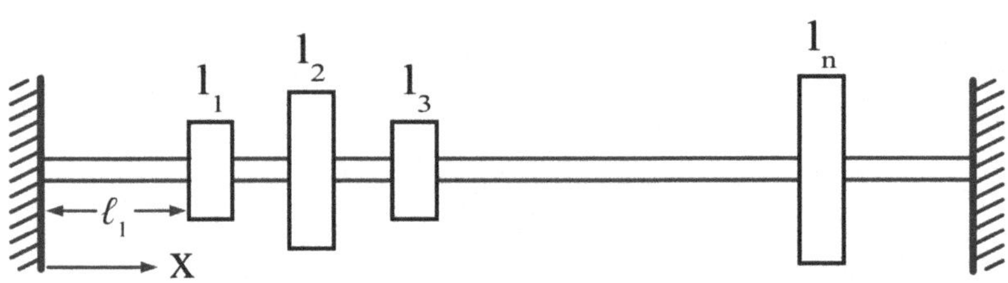

그림 7-8

[해] 보의 비틀림각을 $\theta(x, t)$로 하면, 계 전체의 운동에너지 T는

$$T = \frac{1}{2}\int_0^l J\dot{\theta}^2(x, t)\,dx + \frac{1}{2}\sum_{i=1}^{n}\dot{\theta}(l_i, t) \tag{1}$$

포텐셜에너지 V는

$$V = \frac{1}{2}\int_0^l k_i\left(\frac{d\theta}{dx}\right)^2 dx \tag{2}$$

Hamilton 원리로부터 운동방정식은 임의 2개의 시간 t_0 ,t_1사이의 적분

$$\int_{t_0}^{t_1} (V - T)\, dt \tag{3}$$

를 극치로 하는 필요조건이다. 이제 $\theta(x, t)$를

$$\theta(x, y) = \phi(x)\, g(t) \tag{4}$$

로 놓으면

$$T = \frac{1}{2}\dot{g}^2 \left[\int_0^l J\psi^2\, dx + \sum_{i=1}^{n} I_i \psi^2 (l_i) \right] = \dot{g}^2 T^*$$

$$V = \frac{1}{2} g^2 \int_0^l k_t \left(\frac{d\psi}{dx}\right)^2 dx \equiv g^2 V^*$$

로 된다. 그러면 식(3)의 제 1차변분을 0으로 놓은 것은

$$\delta \int_{t_0}^{t_1} (V - T)\, dt = 2 \int_{t_0}^{t_1} (g\, \delta g\, V^* - \dot{g}\, \delta \dot{g}\, T^*)\, dt = 0$$

로 된다. 따라서 Euler 방정식은

$$\ddot{g}\, T^* + g\, V^* = 0 \tag{5}$$

로 되고 이것이 운동방정식이다. T^* , V^*는 시간 t와 무관계하므로

$$-\frac{\ddot{g}}{g} = \frac{V^*}{T^*} = \lambda \tag{6}$$

로 된다. g는 $\sin\sqrt{\lambda t}$ 또는 $\cos\sqrt{\lambda t}$로 되고 고유진동수는 $\sqrt{\lambda}$가 된다. λ를 정하는데 ψ를 비교함수로 간주하고 $\dfrac{V^*}{T^*}$의 최소치 또는 $V^* - \lambda T$를 최소로 하는 λ를 구하면 된다. 따라서

$$v(\psi) = \frac{1}{2} \int_0^l k_t \psi'^2\, dx - \frac{\lambda}{2} \left[\int_0^l J\psi^2\, dx + \sum_{i=1}^{n} I_i\, \psi^2 (l_i) \right] \tag{7}$$

를 최소로 하는 변분문제를 경계조건

$$\psi(0)=0\,,\ \psi(l)=0 \tag{8}$$

로 표현된다. 여기서 참고로 식(7)의 Euler 방정식을 구해보자. 이때 ψ는 x의 연속함수이다. ψ'는 구간적 연속이고, (l_i+0)와 (l_i-0)에서는 원판이 있으므로 값이 불연속으로 된다. 식(7)의 제 1차변분을 0으로 놓으면

$$\int_0^l k_t\,\psi'\,\delta\,\psi'\,dx-\lambda\left[\int_0^l J\,\psi\,\delta\,\psi\,dx+\sum_{i=1}^{n} I_i\,\psi(l_i)\delta\,\psi\,(l_i)\right]=0$$

로 되고, 제 1항을 부분적분하고, $l_0=0$로 하면

$$\int_0^l k_t\,\psi'\,\delta\,\psi'\,dx=\sum_{i=0}^{n}\int_{I_i}^{I_{i+1}} k_t\,\psi'\,\delta\psi'\,dx=\sum_{i=0}^{n}[k_t\,\psi'\,(l_{i+1})\psi(l_{i+1})-k_t\,\psi'\,(l_i)\delta\psi(l_i)]$$

$$-\int_0^l (k_t\,\psi')'\,\delta\psi\,dx$$

로 된다 따라서 Euler 방정식으로

$$\frac{d}{dt}[k_t\frac{d\psi}{dx}]+\lambda\,J\psi=0$$

$$k_t\frac{d}{dx}\psi(l_i-0)-k_t\frac{d}{dx}\psi(l_i+0)=\lambda\,I_i\psi_i(l_i) \tag{9}$$

$$(i=1\,,2\,,\,\ldots\,,n)$$

이 얻어진다. 이 식이 고유치문제의 미분방정식이다.
그러면 식(7)의 변문문제를 Ritz의 방법으로 구해보자. 실제적인 값으로 원판이 등간격으로 두 개 있는 경우를 생각한다. 즉

$$n=2\,,\ l_2=2l_1\,,\ l_3=l=3l_1$$

$$\frac{I_1}{J}=l_1\,,\ \frac{I_2}{J}=2l_1\,,\ \xi=\frac{x}{l_1}\ ,\ \eta=\frac{\lambda\,J\,l_1^2}{k_t}$$

로 한다. 비교함수로서

$$l_1\psi(\xi)=\begin{pmatrix} a_1\xi & : & \xi\le 1 \\ a_1+a_2(1-\xi) & : & 1\le\xi\le 2 \\ (a_1-a_2)(3-\xi) & : & 2\le\xi\le 3 \end{pmatrix} \tag{10}$$

로 하면, 식(7)은

$$F = 2(a_1^2 - a_1 a_2 + a_2^2) - \frac{\eta}{3}(14a_1^2 - 17a_1 a_2 + 8a_2^2) \tag{11}$$

로 되고, 윗식이 극치를 갖도록 a_1 , a_2를 정하는 것이므로

$$\frac{\partial F}{\partial a_1} = 0\ ,\ \frac{\partial f}{\partial a_2} = 0 \tag{12}$$

로 구하면 된다. 윗식이 의미있는 해(non-trivial solution)를 갖기 위해서는 계수행렬식 이 0이 되어야 한다. 즉

$$\begin{vmatrix} 2-28\eta/6 & 1-17\eta/6 \\ 1-17\eta/6 & 2-16\eta/6 \end{vmatrix} = 3(1-18\eta/6+53\eta^2/6^2) = 0 \tag{13}$$

이 근을 구하면

$$\eta_1 = 0.41983\ ,\ \eta_2 = 1.6179 \tag{14}$$

로 각각 제 1차 및 제 2차 고유치가 얻어진다. 엄밀해는 Euler 미분방정식 (9)를 풀면 되고, 이 고유치 값은

$$\eta_{ex1} = 0.41512\ ,\ \eta_{ex2} = 1.5721 \tag{15}$$

로 근사해의 오차는 각각 1.1% , 2.9%이다. 그리고 η_1과 η_2에 의해 정해지는 a_1 , a_2를 비교함수 ψ에 대입하여, 이를 그림으로 나타내면 그림 7.9와 같다.

고유 진동수는 $\lambda = \dfrac{k_t \eta}{l_1}$의 관계에서

$$w_{n1} = \sqrt{\lambda_1} = \frac{\sqrt{k_t \eta_1}}{l_1}\ ,\ w_{n2} = \sqrt{\lambda_2} = \frac{\sqrt{k_t \eta_2}}{l_2}$$

로 얻어진다.

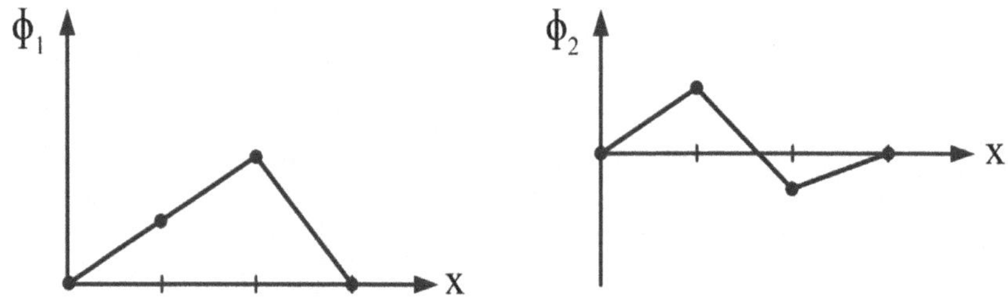

그림 7-9

7.7 Lagrange의 운동방정식

어떤 물체에 외력이 작용할 경우 이에 대한 운동 방정식은 고전역학적인 힘의 평형 관계를 이용한 Newton의 운동 제 2법칙을 이용하여 구할 수 있으나, 또한 변분원리를 이용하여 유도할 수 있다. 일반적으로 외력과 이에 대한 운동의 관계를 다루는 운동역학(kinetics)은 D'Alembert의 원리를 이용하여 정역학적인 평형문제로 바꿀 수 있다. 이를 가상변위의 원리를 적용하여 Lagrange의 변분 방정식을 유도하고, 이 변분 방정식을 변분법의 표현으로 고치면 Hamilton의 원리가 된다.

먼저 Lagrange 운동방정식의 일반적인 유도과정을 설명한다.

m_1, m_2, ... m_N인 N개의 질점에 대한 D'Alembert의 원리를 Lagrange에 따라서

$$\sum_{i=1}^{N}\left\{(F_i - m_i\ddot{r}) \cdot \delta r_i\right\} = 0 \tag{7.76}$$

로 표현하자. 여기서 F_i는 기지의 힘이고, δr_i는 구속조건을 깨지않는 무한소변위(가상변위)이다. 이리하면 구속에 의한 미지의 힘은 나타나지 않는다.

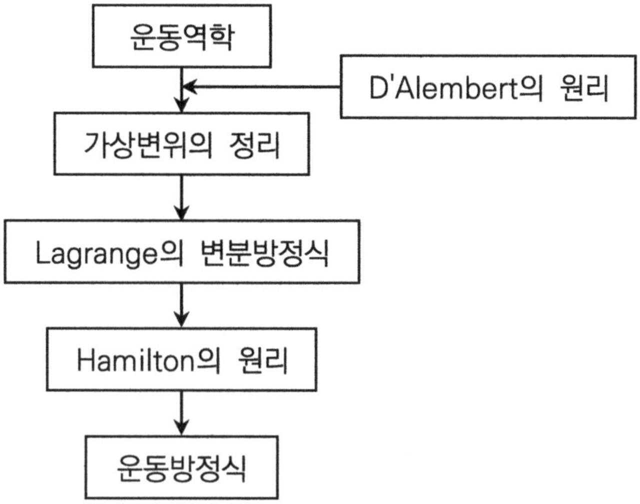

그림 7.10

그런데 이 N개의 질점이 r개의 구속조건

$$f_k(r_1, r_2, \cdots, r_n, t) = 0 \quad (k = 1, 2, \cdots, r) \tag{7.77}$$

을 만족하고 있다고 한다. 그때 δr_i는 모두가 독립은 아니고, 자유도의 수, 즉 $n = 3N - r$개의 독립인 파라메터

$$q_1, q_2, \cdots, q_n$$

를 이용하여

$$r_i = r_i(q_1, q_2, \cdots, q_n, t)$$
$$\delta r_i = \sum_{j=1}^{n} \frac{\partial r_i}{\partial q_j} \delta q_j \tag{7.78}$$

로 쓸 수 있을 것이다. 이 $q_1, q_2, \cdots, q_n$ 을 일반화 좌표(generalized coordinate)라 한다. 또 이 q를 이용하면

$$\sum_{i=1}^{N}(F_i \cdot \delta r_i) = \sum_{i=1}^{N}\sum_{j=1}^{n}(F_i \cdot \frac{\partial r_i}{\partial q_j})\delta q_j = \sum_{j=1}^{n} Q_j \delta q_j \tag{7.79}$$

와 같이 식 (7.76) 제 1항을 나타낼 수 있다. 여기서

$$Q_j = \sum_{i=1}^{N}(F_i \cdot \frac{\partial r_i}{\partial q_j})$$

를 일반화력(generalized force)이라 한다.

또한 식 (7.76)의 제 2항은

$$\begin{aligned}\sum_i m_i(\ddot{r}_i \cdot \delta r_i) &= \sum_{i,j} m_i(\ddot{r}_i \cdot \frac{\partial r_i}{\partial q_j})\delta q_j \\ &= \sum_{i,j}\left\{\frac{d}{dt}(m_i \dot{r} \cdot \frac{\partial \dot{r}_i}{\partial q_j}) - m_i(\dot{r}_i \cdot \frac{\dot{d}}{dt}(\frac{\partial r_i}{\partial q_j})\right\}\delta q_j\end{aligned} \tag{7.80}$$

이 되고, 여기서

$$\frac{d}{dt}(\frac{\partial r_i}{\partial q_j}) = \sum_{i=1}^{n}\frac{\partial^2 r_i}{\partial q_j \partial q_l}\dot{q}_l + \frac{\partial^2 r_i}{\partial q_j \partial t}$$

로 나타내어 식 (7.79)를 다시 쓴다. 이제 속도는

$$v_i = \dot{r}_i = \sum_l \frac{\partial r_i}{\partial q_l}\dot{q}_l + \frac{\partial r_i}{\partial t} \tag{7.81}$$

이므로, 그 편미분계수는 이 두 식에서

$$\frac{\partial v_i}{\partial q_j} = \frac{\partial \dot{r}_i}{\partial q_j} = \sum_l \frac{\partial^2 r_i}{\partial q_j \partial q_l}\dot{q}_l + \frac{\partial^2 r_i}{\partial q_j \partial_t} = \frac{d}{dt}(\frac{\partial r_i}{\partial q_j})$$

$$\frac{\partial v_i}{\partial \dot{q}_j} = \frac{\partial \dot{r}_i}{\partial \dot{q}_j} = \frac{\partial r_i}{\partial q_j}$$

로 되고, 식 (7.80)은

$$\begin{aligned}\sum_i m_i(\ddot{r}_i \cdot \delta r_i) &= \sum_{i,j}\left\{\frac{d}{dt}m_i(v_i \cdot \frac{\partial v_i}{\partial \dot{q}_j}) - m_i(v_i \cdot \frac{\partial v_i}{\partial q_j})\right\}\delta q_j \\ &= \sum_{i,j}(\frac{d}{dt}\frac{\partial}{\partial \dot{q}_j} - \frac{\partial}{\partial q_j})\frac{1}{2}m_i v_i^2 \delta q_j\end{aligned} \tag{7.82}$$

와 같이 표현된다. 여기서 전 운동에너지를

$$T = \sum_i \frac{1}{2}m_i v_i^2 \tag{7.83}$$

로 놓으면, 식 (7.76)은 식 (7.79), (7.82), (7.83)을 이용하여

$$\sum_j\left\{\frac{d}{dt}(\frac{\partial T}{\partial \dot{q}_j}) - \frac{\partial T}{\partial q_j} - Q_j\right\}\delta q_j = 0 \tag{7.84}$$

로 쓸 수 있다. 여기서 $\delta q_j\ (j = 1, 2, \dots, n)$은 모두 독립이므로, 방정식

$$\frac{d}{dt}(\frac{\partial T}{\partial \dot{q}_j}) - \frac{\partial T}{\partial q_j} = Q_j\ (j = 1, 2, \dots, n) \tag{7.85}$$

이 얻어진다. 특히 기지의 힘 F_i가 포텐셜을 이용하여

$$F_i = -\frac{\partial}{\partial r_i}V(r_1, r_2, \dots, r_N) \tag{7.86}$$

로 표시될 때에 ($\frac{\partial}{\partial r_i}$는 r_i에 대한 기울기) 일반화력은

$$Q_j = \sum_i(F_i \cdot \frac{\partial r_i}{\partial q_j}) = -\sum_i(\frac{\partial V}{\partial r_i} \cdot \frac{\partial r_i}{\partial q_j}) = -\frac{\partial V}{\partial q_j} \tag{7.87}$$

로 된다. 실제로는 포텐셜 V는 여기서 Lagrange 자신에 의해 도입된 것으로, 따라서 Lagrange의 논리와 표현에서는 「양 $\sum(F_i \cdot dr_i)$이 적분가능하다면」

$$-\sum_i (F_i \cdot dr_i) = dV \text{ (전미분)}$$

로 되는 함수 V를 정의할 수 있다.

여기서 V는 우치만의 함수로, 속도, 따라서 $\dot{q}$를 포함하지 않는다고 하면

$$\frac{\partial V}{\partial \dot{q}_j} = 0 \ (j = 1, 2, \ldots, n)$$

따라서

$$L = L(q, \dot{q}) = T - V \tag{7.88}$$

로 놓고, 식 (7.85)는

$$\frac{d}{dt}\left(\frac{\partial L}{\partial \dot{q}_j}\right) - \frac{\partial L}{\partial q_j} = 0 \ (j = 1, 2, \ldots, n) \tag{7.89}$$

로 다시 쓸 수 있다. $L(q, \dot{q})$를 Lagrangian, 식 (7.85) 또는 (7.89)를 Lagrange방정식이라 한다. 여기에서는 미지의 구속력을 포함하지 않고, 자유도의 수만큼의 방정식을 풀면 좋은 것으로 된다.

이 식이 해석역학의 기초방정식이다. 이것에 대해서 Lagrange는 「이제 이들 방정식을 적분한다고 하는 해석의 문제밖에 남지 않을 것이다」 라고, 그의 저서에서 부언 하고 있다. 이리하여 기하학적 묘사로부터 벗어나서 추상적인 일반화좌표만으로 처리되는 운동방정식이 얻어지는 것이 된다. 그것도 반드시 힘의 개념을 이용하지 않아도 단지 포텐셜에너지의 함수형이 얻어진다면 그것으로 좋고, 함수개념으로서의 힘을 수용한다고 하는 더욱 일보 진전된 것이다.

7.7.1 보존계의 경우

보존계(conservative system)는 역학적인 에너지 보존의 법칙이 성립되는 계를 말한다. 즉

$$T+V=E=\text{일정}$$

$$\frac{d}{dt}(T+V)=0$$

여기서 T는 운동에너지, V는 포텐셜 에너지이거, E는 총에너지를 나타낸다. 이 경우 Hamilton의 정리 쉽게 적용된다. 비관성력(noninertial force)에 의한 가상일의 1차 변분을 δW라 하면

$$\delta W=-\delta V \tag{7.90}$$

가 얻어진다. 여기서 V는 계의 포텐셜 에너지이다. 이를 Hamilton식에 대입하면

$$\delta A=\int_{t_0}^{t_1}\delta(T-V)\,dt=\int_{t_0}^{t_1}L\,dt=0 \tag{7.91}$$

로 얻어지고, 여기서 L은 **Lagrange 함수**(Lagrangian function)라 부른다.

Hamilton는 A의 적분을 동역학의 기준함수(principal function)라 하였으며, 오늘날은 흔히 작용(action)이라 부른다. 변분방정식, $\delta A=0$ 는 주어진 초기위치 x_0에서 최종 위치 x_1까지의 시간구간 (t_0, t_1)에서 보존계가 수행할 수 있는 모든 운동은 적분 A에 대한 정정치(stationary value)를 제공한다는 것을 의미한다,

여기서 일반적인 좌표를 사용한 경우의 Lagrange 운동방정식을 유도하기 위해 먼저 일반화 좌표(gereralized coordinates)에 대해 설명한다. 단진자의 운동을 예를 들면 고정점 0에서 길이 l의 실 끝에 질량 m의 물체가 매달려 진자운동을 할 때, 질량의 좌표는 직교좌표계 (x, y)로 주어진다. 이들 좌표 사이에는 $x^2+y^2=l$의 관계가 있고, 2개의 변수 사이에 하나의 관계식이 존재하므로 독립변수는 하나가 된다. 이 계에서는 직교좌표계 (x, y)보다도 더욱 편리한 변수 하나를 선정하는 편이 편리하고, 그림에서 경사

각 θ를 취하면 된다. 이와 같이 질점이나 질점계의 위치를 결정하는데에 직교좌표에 한정하지 않고, 극좌표 (r, θ, ϕ)나 원주좌표 (p, ϕ, z)들을 사용해도 되며, 일반적으로 적당한 변수를 사용하면 된다. 이러한 변수를 **일반화 좌표**라 한다.

직교좌표도 일반화좌표의 특별한 경우이다. 질점계의 위치가 약간 변화하면 이들 일반화 좌표도 변화하지만, 고려하고 있는 좌표가 전부 서로 독립적으로 변화하는 것도 있고, 어느 조건식을 만족하는 것도 요구되면서 변하는 것도 있다. 어떻든 독립적으로 변할 수 있는 변수의 수를 계의 자유도(defree of freedom)라 한다. 이제부터 일반화 좌표수가 f개의 $(q_1, q_2, \dots, q_f)$로 이들이 서로 자유롭게 변화하는 경우를 고려하자.

질점계의 질점수를 n, 이들의 직교좌표를 $(x_1, y_1, z_1), (x_2, y_2, z_2), \dots, (x_n, y_n, z_n)$이라 한다. q_1부터 q_f까지를 주면계의 위치가 정해지므로

$$\begin{aligned} x_i &= x_i(q_1, q_2, \dots, q_f, t) \\ y_i &= y_i(q_1, q_2, \dots, q_f, t) \qquad (i = 1, 2, \dots, n) \\ z_i &= z_i(q_1, q_2, \dots, q_f, t) \end{aligned} \tag{7.92}$$

로 쓸 수 있다. 여기서 시간 t를 포함시킨 것은 구속조건이 시간을 포함하는 경우도 이들 이론에 포함시키기 위해서이다.

각 질점에 작용하는 힘을 $F_1, F_2, \dots F_n$이라 하면, 이 계의 가상변위를 고려하여 각 질점의 변위를 $(\delta x_i, \delta y_i, \delta z_i), (i = 1, 2, \dots, n)$로 하면, 가상일은

$$\delta W = \sum_{i=1}^{n} (X_i \delta x_i + Y_i \delta y_i + Z_i \delta z_i) \tag{7.93}$$

로 된다. 가상변위는 각 순간에서의 구속조건을 만족하는 범위에서 생각하고 있으므로 식 (7.92)에서 t를 일정으로 하고, $q_1, q_2, \dots, q_f$의 δ를 취할 때의 $x_1, x_2, \dots, x_n$의 δ를 고려하는 것이다.

$$\delta x_1 = \frac{\partial x_1}{\partial q_1} \delta q_1 + \frac{\partial x_1}{\partial q_2} \delta q_2 + \dots + \frac{\partial x_1}{\partial q_f} \delta q_f \tag{7.94}$$

의 형으로 되므로, 이들을 식 (7.93)에 대입하면

$$\delta W = Q_1 \delta q_1 + Q_2 \delta q_2 + \dots + Q_f \delta q_f \tag{7.95}$$

으로 된다.

여기서 Q_i를 q_i에 대한 일반화력(generlized force) 또는 광의의 힘이라 한다. 식 (7.90)의 관계식에서 포텐셜 에너지 V는 $q_1, q_2, \cdots, q_f$의 함수이므로

$$\delta W = -\left(\frac{\partial V}{\partial q_1}\delta q_1 + \frac{\partial V}{\partial q_2}\delta q_2 + \dots + \frac{\partial V}{\partial q_f}\delta q_f\right) \tag{7.96}$$

식 (7.95)과 (7.96)에서

$$Q_i = -\frac{\partial V}{\partial q_i}, \ (i = 1, 2, \cdots, f) \tag{7.97}$$

의 관계가 성립된다. 이를 직교좌표로 나타냈을 때는 $X = -\partial V/\partial x$와 같은 형이 된다.

이제 식 (7.91)의 Hamilton정리를 일반화 좌표로 나타내 보자. 식 (7.92)로부터 속도 성분을 구하면, 이는 가상변위와 달라서 시간경과에 대한 좌표의 변화를 나타내는 것으로 시간 t에 의한 미분도 고려 해야 한다. 즉,

$$\begin{aligned} \dot{x}_i &= \sum_r \frac{\partial x_i}{\partial q_r}\dot{q}_r + \frac{\partial x_i}{\partial t} \\ \dot{y}_i &= \sum_r \frac{\partial y_i}{\partial q_r}\dot{q}_r + \frac{\partial y_i}{\partial t} \\ \dot{z}_i &= \sum_r \frac{\partial z_i}{\partial q_r}\dot{q}_r + \frac{\partial z_i}{\partial t} \end{aligned} \tag{7.98}$$

운동에너지 T는

$$T = \frac{1}{2}\sum m_i(\dot{x}_i^2 + \dot{y}_i^2 + \dot{z}_i^2)$$

는 $\dot{q}_1$, $\dot{q}_2$, … , $\dot{q}_f$ 의 2 차식이 된다.

$$\delta T = \sum_r \left(\frac{\partial T}{\partial \dot{q}_r} \delta \dot{q}_r + \frac{\partial T}{\partial q_r} \delta q_r \right) \tag{7.99}$$

로 되며, 2장에서 설명했듯이 미분과 변분은 교환되므로

$$\delta \left(\frac{dq_r}{dt} \right) = \frac{d}{dt} (\delta q_r)$$

로 되고, 이를 식 (7.99)에 대입하면

$$\delta T = \sum_r \left(\frac{\partial T}{\partial \dot{q}_r} \frac{d}{dt} (\delta q_r) + \frac{\partial T}{\partial q_r} \delta q_r \right) \tag{7.100}$$

이 식을 적분하면

$$\int_{t_1}^{t_2} \delta T dt = \left[\sum_r \frac{\partial T}{\partial \dot{q}_r} \delta q_r \right]_{t_1}^{t_2} - \int_{t1}^{t_2} \left[\sum_r \frac{d}{dt} \left(\frac{\partial T}{\partial \dot{q}_r} \right) \delta q_r \right] dt$$
$$+ \int_{t_1}^{t_2} \sum_r \frac{\partial T}{\partial q_r} \delta q_r \, dt$$

$t = t_1$, t_2에서 변분 $\delta q_r = 0$이므로, 우변 첫항은 0이 된다. 따라서

$$\int_{t_0}^{t_1} \delta T \, dt = - \int_{t_1}^{t_2} \left[\sum_r \left\{ \frac{d}{dt} \left(\frac{\partial T}{\partial \dot{q}_r} \right) - \frac{\partial T}{\partial q_r} \right\} \delta q_r \right] dt \tag{7.101}$$

식 (7.101)과 식 (7.95)를 Hamilton 식에 대입하면

$$\int_{t_1}^{t_2}\left[\sum_r\left\{\frac{d}{dt}(\frac{\partial T}{\partial \dot{q}_r})-\frac{\partial T}{\partial q_r}-Q_r\right\}\delta q_r\right]dt=0$$

위 식에서 δq_r은 임의이므로

$$\frac{d}{dt}(\frac{\partial T}{\partial \dot{q}_r})-\frac{\partial T}{\partial q_r}=Q_r\ ,\ (r=1\ ,\ 2\ ,\ \dots\ ,\ f) \tag{7.102}$$

로 된다. 힘이 포텐셜로부터 유도되는 경우에는 식 (7.97)로부터

$$\frac{d}{dt}(\frac{\partial T}{\partial \dot{q}_r})-\frac{\partial T}{\partial q_r}=-\frac{\partial V}{\partial q_r}\ ,\ (r=1\ ,\ 2\ ,\ \dots\ ,f) \tag{7.103}$$

포텐셜 에너지가 일반화속도랑 $(\dot{q}_1\ ,\ \dot{q}_1\ ,\ \cdots\ ,\ \dot{q}_f)$을 초함하지 않을 때에는 이 식은 다음과 같이 표현된다.

$$\frac{d}{dt}(\frac{\partial L}{\partial \dot{q}_r})-\frac{\partial L}{\partial q_r}=0\ ,\ (r=1\ ,\ 2\ ,\ \dots\ ,\ f) \tag{7.104}$$

여기서 Lagrange 함수 L은 $T-V$이다. 식 (7.104)는 식 (7.91)의 Euler 방정식이다. 식 (7.102) , (7.103) 또는 (7.104)를 보존계의 Lagrange 운동방정식이라 한다.

[예제 7.6] 이중진자의 Lagrange 운동방정식을 경사각 $(\theta\ ,\ \delta)$를 이용하여 유도하시오.

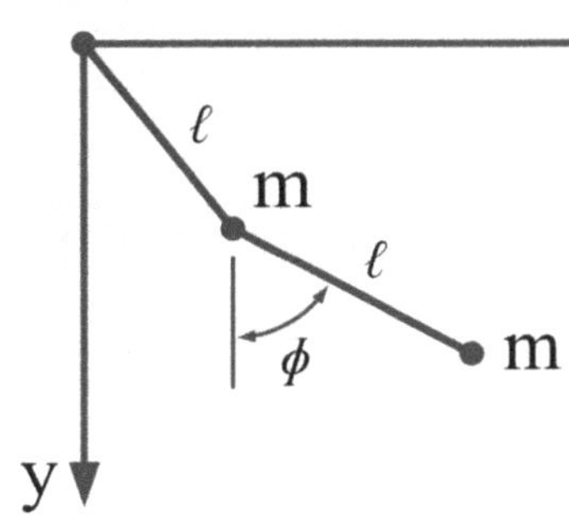

그림 7-10

[해] 직교좌표 $(x\,,\,y)$와 일반화좌표 $(\theta\,,\,\delta)$의 관계를 나타내면 식 (7.103)에서

$$x = l(\sin\theta + \sin\phi)$$
$$y = l(\cos\theta + \cos\phi) \tag{1}$$

윗 구와 아랫 구의 운동에너지는 각각

$$\frac{1}{2}ml^2\theta^2$$

$$\frac{1}{2}m(\dot{x}^2+\dot{y}^2) = \frac{1}{2}ml^2\{\dot{\theta}^2+\dot{\phi}^2+2\dot{\theta}\dot{\phi}\cos(\phi-\theta)\}$$

따라서 계의 운동에너지는

$$T = ml^2\left\{\dot{\theta}^2+\frac{1}{2}\dot{\phi}^2+\dot{\theta}\dot{\phi}\cos(\phi-\theta)\right\} \tag{2}$$

윗구와 아랫 구의 포텐셜에너지는 각각

$$-mgl\cos\theta$$
$$-mgy = -mgl(\cos\theta+\cos\phi)$$

이고 계의 포텐셜에너지는

$$V = -mgl(2\cos\theta+\cos\phi) \tag{3}$$

Lagrange 운동방정식은

$$\frac{d}{dt}\frac{\partial L}{\partial\dot{\theta}} - \frac{\partial L}{\partial\theta} = 0$$
$$\frac{d}{dt}\frac{\partial L}{\partial\dot{\phi}} - \frac{\partial L}{\partial\phi} = 0 \tag{4}$$

따라서 식(2)와 식(3)을 대입하여 정리하면, 아래의 운동방정식이 얻어진다.

$$2\ddot{\theta}+\ddot{\phi}\cos(\phi-\theta)-\dot{\phi}^2\sin(\phi-\theta)+\frac{2g}{l}sin\theta=0$$

$$\ddot{\phi}+\ddot{\theta}\cos(\phi-\theta)-\dot{\theta}^2\sin(\phi-\theta)+\frac{g}{l}sin\phi=0$$

이 식은 비선형 미분방정식으로, 해를 간단히 구하기 위해 다음과 같이 선형 근사화 할 수 있다.

$$\cos(\phi-\theta)\doteqdot 1\ ,\ \sin\theta\doteqdot\theta\ ,\ \sin\phi\doteqdot\phi\ ,\ \dot{\theta}^2\doteqdot\dot{\phi}^2=0$$

7.7.2 비보존계의 경우

속도에 비례하는 저항력(또는 마찰력)이 존재하는 비보존계(nonconservative system)의 경우를 고려해보자. 양의 정수를 비례상수로 하면, 이 힘은

$$F_i=-c_i\dot{x}_i\ \ (i=1,2,\cdots,n) \tag{7.105}$$

이 된다. 미소변위 $\delta x_i\ (i=1,2,\cdots,n)$일 때에 이러한 저항력이 하는 일은

$$\delta W=-\sum_i c_i\dot{x}_i\,\delta x_i \tag{7.106}$$

이들 변위가 dt시간내의 운동에 의한 실제 변위의 경우에는 dt를 나눈 $-\sum_i c_i\dot{x}_i^2$는 저항에 의해 에너지가 손실되는 율을 나타낸다. 이를 반으로 한

$$D=\frac{1}{2}\sum_i c_i\dot{x}_i^2 \tag{7.107}$$

을 소산함수(dissipation function)라 한다. 이는 Rayleigh에 의해 1873년에 도입된 것이다. 이 함수 D를 이영하면 저항력 F_i는

$$F_i = -\frac{\partial D}{\partial \dot{x}} \tag{7.108}$$

가 되고, 이를 일반화 좌표로 바꾸면 힘 F_i는 일반화력 Q_i로 변환된다.

$$Q_j = \sum_i F_i \frac{\partial x_i}{\partial q_j} = -\sum_i \frac{\partial D}{\partial \dot{x}_i}\frac{\partial x_i}{\partial q_j} \tag{7.109}$$

윗 식에서

$$\frac{\partial x_i}{\partial q_j} = \frac{\partial \dot{x}_i}{\partial \dot{q}_j} \left\{ \dot{x}_i = \sum_j^m \frac{\partial \dot{x}_i}{\partial q_j}\dot{q}_j\,,\ (i=1\,,\,2\,,\,\cdots\,,\,n)\ \text{이므로} \right\}$$

의 관계를 이용하면

$$Q_j = -\sum_i \frac{\partial D}{\partial \dot{x}_i}\frac{\partial \dot{x}_i}{\partial \dot{q}_j} = -\frac{\partial D}{\partial \dot{q}_j} \tag{7.110}$$

로 변현된다. 저항력 이외의 힘은 포텐셜 V로부터 유도될 때에는 $L = T - V$로서 Hamilton 식에 대입하면 된다. 따라서 비보존계에 대한 Lagrange 방정식은

$$\frac{d}{dt}\left(\frac{\partial L}{\partial \dot{q}_i}\right) - \frac{\partial L}{\partial q_i} + \frac{\partial D}{\partial \dot{q}_i} = 0 \tag{7.111}$$

의 형으로 된다.

[예제 7.7] 수평방향으로 이동하는 블록에 매달린 단진자의 운동방정식을 유도하시오.

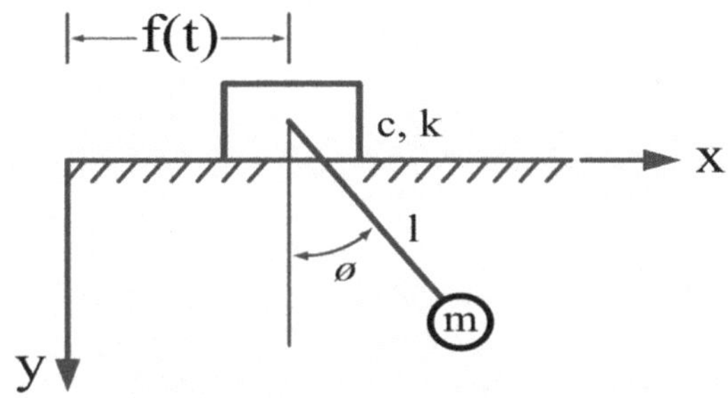

그림 7-11

[해] 추의 좌표는

$$x = z + l\sin\theta$$
$$y = l\cos\theta \tag{1}$$

진자의 운동에너지 T는

$$T = \frac{1}{2}m(\dot{x}^2 + \dot{y}^2)$$
$$= \frac{1}{2}m(\dot{z}^2 + 2l\dot{\theta}\dot{z}\cos\theta + l^2\dot{\theta}^2) \tag{2}$$

블록과 진자의 연결 힌지에 비틀림 스프링(torsional spring)과 감쇠기(damper)가 설치되어 있는 경우, 스프링에 의한 복원력 모멘트 $k\theta$가 감쇠기에 의한 복원모멘트 $c\dot{\theta}$가 작용한다.
스프링과 진자의 자중에 의한 포텐셜에너지 V는

$$V = -mgl\cos\theta + \frac{1}{2}k\theta^2 \tag{3}$$

각변위 θ가 미소증분 $\delta\theta$로 움직였을 때, 감쇠 모멘트의 한 일은

$$R\delta\theta = -c\dot{\theta}\delta\theta \tag{4}$$

따라서 $R = -c\dot{\theta}$이다. Lagrange 운동방정식은

$$\frac{d}{dt}\frac{\partial L}{\partial \dot{\theta}} - \frac{\partial L}{\partial \theta} = -c\dot{\theta}$$

또는

$$\ddot{\theta} + \frac{c}{ml^2}\dot{\theta} + \frac{k}{ml^2}\theta + \frac{g}{l}\sin\theta = \frac{\dot{z}}{l}cos\theta \quad (5)$$

식(5)에서 피봇이 일정속도($\dot{z}=0$)로 움직일 경우 우변은 0가 되어, 피봇이 정적인 경우와 같게 된다. 이는 일정속도의 병진운동은 기계계의 거동을 변화시키지 않는다.는 사실을 설명하고 있다.

Lagrange의 해석역학

Lagrange의 저서「해석역학(Mechanique Analytique)」은 Newton의 불후의 명저「Principia」의 발간으로부터 약 100년이 지난 1788년에 출판되었다.

제 1부는 정역학(statics)으로「가상속도의 원리」를 기본원리로 주목하고 있다. 가상속도의 원리는 가상일의 원리를 말하며, 또한 가상변위의 원리로도 불리운다. 이는 당시에 가상변위를 가상속도라 불리웠기 때문이다. 이 원리에 주목한 것은 지렛대나 도르레의 원리, 힘의 합성법칙등의 모두가 이 원리에 귀착될 수 있기 때문이었다.

제 2부는 동역학(dynamics)은 D'Alembert의 원리로서 동역학을 정역학의 문제로 변환하는 것으로부터 출발하고 있다.

Lagrange는 Euler와 마찬가지로 역학을 해석적으로 구성하는 것을 방침으로 하고 있었기 때문에 가상변위를 구속조건과 모순되지 않도록 취하기 위해 그림을 그리거나 기하학적 직관을 이용하거나 하지 않아도 되도록 미정계수법이라 하는 편리한 방법을 제안하였다. 또한 적당한 독립변수를 사용하면, 계산이 매우 간단하게 되는 것을 보이고, 일반화좌표(generalized coordinates)의 개념을 도입하였다.

Chapter 8

고유치 문제

먼저 고유치 문제(eigenvalue problem)가 어떠한 것인가를 예를 들어 설명하고, 이어서 고유치 문제에 의한 변분법의 응용을 나타낸다. 고유치 문제가 변분법의 좋은 응용 예가 되는 것을 1931년 R. Courant의 저서 「Methoden der Mathematischen physik」에서 최대 • 최소원리 (Maximum-minimum principle)에 의해 알려졌다.

8.1 고유치 문제 예

여기에서는 고유치문제가 어떠한 때에 발행하고, 어떤 것인가를 다음 예를 통하여 설명한다. 길이가 l이고 밀도가 ρ인 일정한 단면의 현에 장력 T가 작용하고 있다. 이 현이 진동할 때, 그 진동수는 얼마인가? 단위길이당 현의 질량은 ρ이고, 현을 자유진동 시켰을 때의 현의 휨(deflection) $u(x, t)$에 관한 운동방정식은 시간 t라 하면

$$T\frac{\partial^2 u}{\partial x^2} = \rho\frac{\partial^2 u}{\partial t^2} \tag{8.1}$$

이 경계치 문제를 풀기 위해, 휨을 다음과 같이 두고

$$u(x, t) = v(x)g(t) \tag{8.2}$$

이를 식 (8.1)에 대입하면

$$Tv''g = \rho v\ddot{g} \tag{8.3}$$

또는

$$\frac{Tv''}{\rho v} = \frac{\ddot{g}}{g} \tag{8.4}$$

로 된다. 식 (8.4)의 좌변은 x의 함수이고, 우변은 t의 함수이다. t와 x가 정수일 때만 좌변과 우변이 같다. 이 정수를 $-\lambda$로 놓으면, λ는

$$Tv''g + \lambda\rho v = 0 \tag{8.5.a}$$

$$\ddot{g} + \lambda g = 0 \tag{8.5.b}$$

를 동시에 만족하지 않으면 안 된다. 뒤에서 곧 알 수 있듯이, λ는 음수를 취할 수 없다. 식 (8.5.b)의 해는 다음과 같다.

$$g = a\cos\sqrt{\lambda}t + b\sin\sqrt{\lambda}t \tag{8.6}$$

여기서 a와 b는 상수이다. 식 (8.5.a)의 해는 다음과 같다.

$$v = c_1\sin\sqrt{\frac{\lambda\rho}{T}}x + c_2\cos\sqrt{\frac{\lambda\rho}{T}}x \tag{8.7}$$

현의 양 끝 $x=0$, $x=l$에서 고정되어 있으므로, 현의 경계조건은

$$u(0) = 0\ ,\ u(l) = 0 \tag{8.8}$$

이고, 식은 (8.8)을 만족시키기 위해서는 v에 대해

$$v(0) = 0\ ,\ v(l) = 0 \tag{8.9}$$

인 조건을 부여하면 된다. 그러므로 v를 구하는데는 미분방정식 (8.5.a)를 위의 경계조건 (8.9)로서 풀면 된다. 그래서 $c_2 = 0$이고

$$\sqrt{\frac{\lambda\rho}{T}}l = n\pi\ ,\ (n = 1\ ,\ 2\ ,3\ ,\ \cdots\ ) \tag{8.10}$$

그러므로 필요한 주파수는

$$\sqrt{\lambda} = (\ n\pi/l\ )\sqrt{\frac{T}{\rho}}\quad (n = 1\ ,\ 2\ ,\ 3\ ,\ \cdots)$$

이다. 일반적으로 어떠한 λ에 대해서도 v가 정하여지는 것은 없다. 어느 특별한 정수일 때에만 v가 정해진다. 예러 식 (8.5.a)의 일반해 (8.7)은 경계조건 (8.8)을 만족시키기 위해서는

$$v = c_1 \sin \sqrt{\frac{\lambda \rho}{T}}\, x \tag{8.11}$$

의 형을 취하여야 한다.

이와 같이 식 (8.5.a)와 (8.9)의 해가 0 이외의 것으로서 존재하기 위해서는 λ가 특별한 값을 취하지 않으면 안되므로, 이러한 의미에서 λ를 고유치(eigenvalue)라고 부르고, 이건에 대응하는 해 v를 고유함수(eigenfunction)라고 부른다. 따라서 고유치 문제란 고유치와 고유함수를 구하는 문제를 말한다. $\sqrt{\lambda}$는 식 (8.6)에서 알 수 있듯이 현의 진동수로 되므로, $\sqrt{\lambda}$를 현의 고유진동수(eigenfrequency 또는 natural frequency)라 부른다. $\lambda_n = (n\pi/l)^2(T/\rho)$은 n차 고유치이고, $v_n = c_1 \sin\sqrt{\lambda_n \rho/T} x$는 n차 고유함수, 그리고 $\sqrt{\lambda_n}$은 n차 고유진동수이다.

일반적으로 고유진동수가 작은 것부터 순서대로 나열하고 제 1차 고유진동수, 제 2차 고유진동수 등으로 부른다. 또한 제 1차 고유진동수에 대응하는 진동을 기본진동(fundamental vibration), 제 2차 고유진동수이상에 대응하는 것을 고차진동이라 한다. 식 (8.6)의 상수 a, b는 현을 진동시킬 때의 초기조건, 즉 처음에 어느 정도의 휨 $u(x, 0)$및 휨속도 $\dot{u}(x, 0)$가 주어진느 가에 따라 정해진다. 또 이들 초기조건은 $\sqrt{\lambda}$를 정하는 것에 관계가 없고, $\sqrt{\lambda}$는 어디까지나 식 (8.5.a) 및 식 (8.9)로부터 정해지게 된다. 이 경우의 경계조건 (8.9)는 초기조건에는 관계없고, 주어진 현의 상태만으로 정해진다. 즉 현에 고유한 것이다. 그러므로 고유진동수라 불리우는 것이다. 임의 두 개의 고유치 λ_n, λ_m에 대한 고유함수 v_n, v_m은 직교하는 것이 증명된다. 직교조건(orthogonal condition)이란

$$\int_0^l \rho v_n v_m \, dx = 0$$

를 의미한다. 이것은

$$T{v_n}'' + \lambda_n \rho v_n = 0$$
$$T{v_m}'' + \lambda_m \rho v_m = 0 \tag{8.12}$$

가 성립하므로, 식 (8.12)의 첫 번째 식에 v_m을 곱하고, 두 번째 식에 v_n을 곱하여, 적분을 취하면

$$\int_0^l (T{v_n}''v_m - T{v_m}''v_n)\,dx = \int_0^l \frac{d}{dx}\left(T[{v_n}'v_m - {v_m}'v_n]\right)dx$$
$$= (\lambda_m - \lambda_n)\int_0^l \rho v_n v_m\,dx \tag{8.13}$$

를 얻을 수 있다. 한편

$$\int_0^l (T{v_n}''v_m - T{v_m}''v_n)\,dx = \left[T{v_n}'v_m\right]_0^l - \left[T{v_m}'v_n\right]_0^l = 0 \tag{8.14}$$

식 (8.13)과 같이 좌변이 전미분의 적분으로 되고, 결국 경계치만에 의존하도록 될 때, 즉 이 미분방정식은 식 (8.14)가 만족될 때 자기수반(self-adjoint)이라고 부른다. 그런데 동차인 경계조건이 있기 때문에 식 (8.13)의 좌변은 식 (8.14)와 같이 0으로 된다. 따라서 직교(orthogonal)한다. 즉 $v_1, v_2, v_3, \cdots$로 되는 고유함수계는 직교함수계로 된다. 따라서 동차인 경계조건을 만족하는 임의의 구분적 연속함수 $f(x)$는

$$f(x) = \sum_{n=1}^{\infty} c_n v_n$$

$$c_n = \int_0^l \rho f(x) v_n\,dx$$

로 전개될 수 있고, 함수계는 완전함수계로 된다.

식 (8.13)과 식 (8.14)로부터 알 수 있는 것은

$$\int_0^l \rho v_n v_m\,dx = 0 \tag{8.15}$$

여기서 $\lambda_n \neq \lambda_n$이다. 즉, 고유진동수는 직교(orthogonal)한다.

[예제 8.1] 다음 미분방정식의 고유치와 고유함수를 구하시오.

$$\frac{\partial^2 u}{\partial x^2} + \frac{\partial^2 u}{\partial y^2} + \lambda u = 0 \qquad (0 \le r \le 1) \tag{1}$$

경계조건은 $r = 1$에서 $u = 0$ 이고 $r = \sqrt{x^2 + y^2}$ 이다.

[해] 식(1)을 극좌표를 이용해서 표현하면

$$u_{rr} + \frac{1}{r}u_r + \frac{1}{r^2}u_{\theta\theta} + \lambda u = 0 \tag{2}$$

u를 다음과 같이 두면

$$u(r, \theta) = v(r)(\mathrm{acos}n\theta + b\sin n\theta) \tag{3}$$

식(2)를 다음과 같이 바꿔 쓸 수 있다.

$$r^2 v'' + rv' + (r^2\lambda - n^2)v = 0 \tag{4}$$

$\rho = r\sqrt{\lambda}$로 변수변환을 이용하면, 윗 식은

$$\frac{d^2 v}{d\rho^2} + \frac{1}{\rho}\frac{dv}{d\rho} + (1 - \frac{n^2}{\rho^2})v = 0 \tag{5}$$

이 식의 해는 다음과 같이 Bessel 함수이다.

$$v = J_n(r\sqrt{\lambda}) \tag{6}$$

아래 식이 성립될 때 경계조건이 만족된다.

$$J_n(r\sqrt{\lambda}) = 0 \tag{7}$$

식(7)의 근이 이 문제의 고유치이다. 고유치를 λ_{nm}을 이용해서 다시 쓰면, 이에 대응하는 고유함수는 다음과 같다.

$$u_n = \sum_m J_n(r\sqrt{\lambda_{nm}})(a_{nm}\cos n\theta + b_{nm}\sin n\theta) \tag{8}$$

[예제 8.2] 자유도가 n인 동적인 계를 고려하자. 계는 n개의 $q_1(t)$, $q_2(t)$, $\cdots$, $q_n(t)$인 시간의 함수에 의해 정해지는 것으로 한다. 이 계의 운동에너지와 포텐셜 에너지는 아래와 같고, 외력의 성분이 $P_i(t)$ $(i=1,\ 2,\ \cdots,\ n)$으로 주어지고 있다고 한다.

$$T=\sum_{i,\,j=1}^{n} a_{ij}\dot{q}_i\dot{q}_j \quad , \quad U=\sum_{i,\,j=1}^{n} b_{ij}\dot{q}_i\dot{q}_j \tag{1}$$

여기서 $a_{ij}=a_{ji}$, $b_{ij}=b_{ji}$이다. 이 계의 고유치 또는 고유진동수를 구하시오.

[해] 이 때 운동방정식은 Hamilton의 원리에 따라

$$v[q]=\int_{t_0}^{t_1}\Big(\sum_{i,\,j=1}^{n} a_{ij}\dot{q}_i\dot{q}_j-\sum_{i,\,j=1}^{n} b_{ij}\dot{q}_i\dot{q}_j+2\sum_{i=1}^{n}P_i\,q_i\Big)dt \tag{2}$$

를 그치로 하는 Euler방정식으로 된다. 즉

$$\sum_{j=1}^{n}(a_{ij}\ddot{q}_j+b_{ij}q_j)=P_i(t) \quad (i=1\,,\,2\,,\,\cdots\,,\,n) \tag{3}$$

이 운동방정식으로 된다. 뒤에서 설명하듯이 적당한 선형변환(linear transformation)

$$q_i(t)=\sum_{j=1}^{n}A_{ij}\,\eta_j(t)\,,\ \ \eta_i=\sum_{j=1}^{n}A_{ij}\,q_j(t) \tag{4}$$

을 이용하여 2차형식(quadratic form)의 식 (1)을

$$T=\sum_{i=1}^{n}\eta_i^2 \quad , \quad U=\sum_{i=1}^{n}\lambda_i\eta_i^2 \tag{5}$$

의 형으로 변환할 수 있고, 아울러 방정식은 (3)은

$$\ddot{\eta}_i+\lambda_i\eta_i=N_i(t) \tag{6}$$

으로 쓸 수 있다. 여기서

$$N_i(t)=\sum_{k=1}^{n}P_k(t)A_{ki}$$

이다. 이 변환을 주축변환(transformation of principal axis)이라 한다. 변

환 (4)에서 (5)를 얻는 이유를 설명하자. 실은 그 이유 및 변환계수 A_{ij}를 선택하는 방법이 λ_i의 설명에 매우 중요하다. 더구나 $N_i = 0$일 때, $\sqrt{\lambda_i}$는 앞에서 설명하였듯이 진동계의 고유진동수가 된다. 그런데 식(1)을 변환 (4)에 의해 식(5)로 쓰는 것은 결국 2차형식

$$A(x, x) = \sum_{i, j=1}^{n} a_{ij} x_i x_j \ , \ B(x, x) = \sum_{i, j=1}^{n} b_{ij} x_i x_j \quad (a_{ij} = a_{ji}, \ b_{ij} = b_{ji}) \tag{7}$$

를 선형변환

$$x_i = \sum_{j=1}^{n} A_{ij} y_i \quad (i = 1, 2, \cdots, n) \tag{8}$$

에 의해

$$A(x, x) = \sum_{i=1}^{n} y_i^2 \ , \ B(x, x) = \sum_{i=1}^{n} \lambda_i y_i^2 \tag{9}$$

로 변환하면 좋은 것으로 된다.

만일 $A(x, x)$가 양정행렬(positive definite) 2차 형식이라면, 이와 같은 변환이 가능하고, A_{ij}의 선택방법 및 λ_i의 의미를 알 수 있을 것이다. 여기서 양정치라는 것은 x_i의 어떠한 실수치에 대해서도 이 2차 형식의 값이 양이라 하는 의미이다. 앞의 예의 경우, T는 운동에너지로서 항상 양의 값을 취하는 것을 고려하고 있으므로, 이와 같은 변환이 가능하다. $A(x, y)$를 정의 한다.

$$A(x, y) = \sum_{i, j=1}^{n} a_{ij} x_i y_i \tag{10}$$

$B(x, y)$도 같이 정의된다. 다음에

$$B(x, x) / A(x, x) \tag{11}$$

를 최대로 하는 $(x_1, x_2, \cdots, x_n)$의 값을 $(x_1', x_2', \cdots, x_n')$으로 쓰는 것으로 한다. 그리고 그 최대치를 λ_1으로 한다. 이때 B와 A는 동차이므로, 일반성을 잃어버리는 일 없이

$$A(x', x') = 1$$

즉

$$\sum_{i, j = 1} a_{ij} x_i' x_j' = 1$$

로 되게 하는 것이 가능하다. 즉 식 (11)의 분자, 분모에 적당한 같은 정수를 곱하면 되기 때문이다. 그때 당연히 정의로부터

$$B(x', x') = \lambda_1$$

이다. 다음에 또

$$A(x, x') = 0$$

즉

$$\sum_{i, j = 1}^{n} a_{ij} x_i x_j' = 0$$

로 되는 조건에서

$$B(x, x) / A(x, x)$$

를 최대로 하는 $(x_1, x_2, \cdots, x_n)$의 값을 $(x_1^2, x_2^2, \cdots, x_n^2)$라 쓰는 것으로 한다. 그리고 그 최대값을 λ_2라 한다. 이 때 또한 B와 A는 동차이므로, 일반성을 잃어버리는 일 없이

$$A(x^2, x^2) = 1$$

로 되게 하는 것이 가능하고, 따라서

$$B(x^2, x^2) = \lambda_2$$

이다. 이와 같은 것은 계속하여 간다. 즉 $(x_1^k, x_2^k, \cdots, x_n^k)$란

$$A(x, x') = 0, \ A(x, x^2) = 0, \ \cdots, \ A(x, x^k) = 0 \qquad (12)$$

로 되는 조건에서

$$B(x, x) / A(x, x) \qquad (11)$$

를 최대로 하는 x의 값으로, 그 최대치를 λ_k라 하면, 일반성을 잃어버리는 일 없이

$$A(x^k, x^k) = 1$$

$$B(x^k, x^k) = \lambda_k$$

로 되게 할 수 있다. 이상과 같은 x의 값에 대해, 또한

$$B(x^l, x^m) = 0 \quad (l \neq m) \tag{13}$$

즉

$$\sum_{i,j=1}^{n} b_{ij} x_i^l x_j^m = 0 \quad (l \neq m)$$

가 성립하는 것을 증명할 수 있으나, 여기서는 생략한다. 이상과 같은 $x^1, x^2, \cdots, x^n$ 즉,

$$(x_1^1, x_2^1, \cdots, x_n^1)(x_1^2, x_2^2, \cdots, x_n^2)(x_1^3, x_2^3, \cdots, x_n^3)$$

이 정해지면, 선형변환 (8)의 계수 A_{ij}로서

$$A_{ij} = x_i^j \quad (i, j = 1, 2, \cdots n)$$

을 선택하면 좋다. 즉

$$x_i = \sum_{j=1}^{n} x_i^j y_i \, (i = 1, 2, \cdots, n)$$

로 되는 변환을 채용하면 식 (12)와 (13)으로부터

$$\begin{aligned} A(x, x) &= \sum_{i,j=1}^{n} a_{ij} x_i x_j = \sum_{i,j,l,m=1}^{n} a_{ij} x_i^l x_j^m y_l y_m \\ &= \sum_{l,m=1}^{n} \delta^{lm} y_l y_m = \sum_{i=1} y_i^2 \\ B(x, x) &= \sum_{i,j=1}^{n} b_{ij} x_i x_j = \sum_{i,j,l,m=1}^{n} b_{ij} x_i^l x_j^m y_l y_m \\ &= \sum_{i=1}^{n} \lambda_i y_i^2 \end{aligned}$$

으로 되므로, 최종적으로 선형변환 (4)에 의해 식(1)을 식(5)로 변환할 수 있음이 증명 되었다.
식(5)의 선형변환을 사용하여 다시 쓰면

$$T = \sum_{i,j=1}^{n} \delta_{ij} \dot{\eta}_i \dot{\eta}_j \quad , \qquad U = \sum_{i=1}^{n} \lambda_i \eta_i^2 \tag{14}$$

식(14)에 대응하는 Euler 방정식은

$$\ddot{\eta}_i + \lambda_{(i)} \eta_i = 0 \tag{15}$$

$\lambda_{(1)} \eta_1 = \lambda_1 \eta_1$, $\lambda_{(2)} \eta_2 = \lambda_2 \eta_2$, $\cdots$, λ_i는 i번째 고유치 이고, $\sqrt{\lambda_i}$는 i번째 고유진동수이다. $B(x, x) / A(x, x)$의 i번째 최소값이 λ_{i-1}보다 구속조건이 하나 이상 많은 λ_i 의 구속조건하에서 얻어지기 때문에 λ_i는 λ_{i-1}보다 크다. 즉

$$\lambda_1 \le \lambda_2 \le \ \cdots \ \le \lambda_n \tag{16}$$

고유치 λ는 구속조건 $A(x, x) = 1$하에서 $B(x, x)$의 최소값으로 해석할 수 있다. Lagrange곱수 λ를 사용해서 $B(x, x) = \lambda$, $A(x, x) = 0$의 변분을 고려하자.그러면

$$\delta B(x, x) - \lambda \delta A(x, x) = 0 \tag{17}$$

로 되고, 다음 식이 유도된다.

$$\sum_{i=1}^{n} b_{ij} x_j^l - \lambda_i \sum_{i=1}^{n} a_{ij} x_j^{\ l} \quad (j = 1, 2, \cdots, n) \tag{18}$$

이 식이 λ_i을 정하는 식이 된다. 즉 모두가 0이 아닌 윗식을 만족시키는 의미있는 $x_j^{\ l}$, 즉 $x_1^{\ l}$, $x_2^{\ l}$, $\cdots$등의 값들은 $x_j^{\ l}$의 계수 $b_{ij} - \lambda_l a_{ij}$를 요소로 하는 행렬식 0일 때에만 존재한다. 즉

$$\begin{vmatrix} b_{11} - \lambda a_{11} & b_{12} - \lambda a_{12} & \cdots & b_{1n} - \lambda a_{1n} \\ b_{21} - \lambda a_{21} & b_{22} - \lambda a_{22} & \cdots & b_{2n} - \lambda a_{2n} \\ \vdots & \vdots & & \vdots \\ b_{n1} - \lambda a_{n1} & b_{n2} - \lambda a_{n2} & \cdots & b_{nn} - \lambda a_{nn} \end{vmatrix} = 0 \tag{19}$$

여기서 λ_l대신에 λ로 쓴 것은 l에 관계없이 윗 식의 같은 형으로 되기 때문이다. 즉 윗 식을 λ에 대해 풀고 이 식으로부터 근을 구하면 n개의 근 $\lambda_1, \lambda_2, \cdots, \lambda_n$이 얻어진다.
요소 a_{ij}의 행렬을 A, 요소 b_{ij}의 행렬을 B라 쓰면, λ는

$$B - iA = 0$$

의 근으로 된다. 이 경우 λ를 행렬의 고유치라 한다.
또한 고유치 λ_i은 다음과 같이 특징 지우는 것도 가능하다. 즉 임의의 a_{ij}를 주고

$$B(x, x) = \sum_{i, j=1}^{n} b_{ij} x_i x_j$$

를

$$A(x, x) = \sum_{i, j=1}^{n} a_{ij} x_i x_j = 1$$

및

$$\sum_{i, j=1}^{n} a_{ij} x_j = 0 \quad (i = 1, 2, \cdots, l-1)$$

로 되는 조건에서 최대가 된다. 이 최대치 $\overline{\lambda_l}$은 a_{ij}의 함수일 것이다. λ_l이란 이 최대치 $\overline{\lambda_l}$를 a_{ij}의 함수로 고려했을 때의 최소치이다. 이것을 **최대최소의 원리(Maximum-minimum principle)**라 한다.

8.2 변분원리와 고유치

앞 절에서 설명한 고유치문제를 이것과 등가인 변분문제에 대응시키는 것을 고려하자. 이것은 경계치문제와 변분문제가 대응하는 것과 같다. 즉 어느 범함수를 고려하고, 그 제 1차변분을 0으로 놓음으로써 유도되는 Euler 방정식이 고유치문제의 미분방정식으로 되도록 하면 좋은 것이다. 단 이때 고유치의 의미를 포함하여 생각하여야 할 것이다. 다음 식과 관련된 고유치문제를 고려한다.

2차원 영역 G내에서

$$\frac{\partial^2 u}{\partial x^2}+\frac{\partial^2 u}{\partial y^2}+\lambda u=0 \tag{8.16}$$

를 만족하고 G의 경계 Γ상에서

$$u=0$$

로 되는 경계치문제를 고려하자.

경계조건은 동차(homogeneous)이기만 하면 되므로, $\partial u/\partial n=0$가 $u=0$대신에 고려될 수도 있다. 고유치를 λ_1, λ_2, $\cdots$라 하고, 이에 대응하는 고유함수를 u_1, u_2, $\cdots$라 하면

$i=1, 2, \cdots$에 대해서

G내에서

$$\frac{\partial^2 u_i}{\partial x^2}+\frac{\partial^2 u_i}{\partial y^2}+\lambda_i u_i=0 \tag{8.17}$$

Γ위에서

$$u_i=0 \tag{8.18}$$

아울러 G내에서

$$H[u_i, u_j] = \iint_G u_i u_j \, dx\, dy = 0 \qquad (j = 1, 2, \cdots, i-1) \tag{8.19}$$

로 되는 관계가 있다. 고유치 문제를 변분문제로 바꿀 때도 각 i에 대해 고려하지 않으면 안된다. 처음에 $i=1$일 때 고려하고, 순차적으로 진행하여 가면 된다. $i=1$의 경우, 위의 고유치문제에 등가인 변분문제는 아래의 범함수

$$v[u(x, y)] = \iint_G \left[(\frac{\partial u}{\partial x})^2 + (\frac{\partial u}{\partial y})^2 \right] dx\, dy \tag{8.20}$$

를 부대조건

$$H[u(x, y)] = \iint_G u^2 \, dx\, dy = 1 \tag{8.21}$$

에서 최소로 하는 것이다. 이때의 정류함수가 u_1으로 되는 고유함수에서 고유치 λ_1이 란 식 (8.20)의 최소치를 취하는 것이다. 물론 비교함수 u에는 부대조건으로서 식 (8.21) 이외에 Γ상에서 0을 취하는 경계조건이 있다, 경계조건이 Γ상에서 $u=0$인 함수의 최소문제는 식 (8.17)의 Euler 방정식을 유도한다. 식 (8.17)이 이 변분의 필요조건으로 되는 것을 증명하자. λ는 식 (8.21)에 대한 Lagrange 곱수이다. 즉, 식 (8.17)에 대응하는 변분법은 다음 범함수를 최소로 하는 문제가 된다. 따라서 Γ상에서 $u=0$로 되는 경계조건에서

$$v[u(x, y)] = \iint_G \left[(\frac{\partial u}{\partial x})^2 + (\frac{\partial u}{\partial y})^2 \right] dx\, dy - \lambda \iint_G u^2 \, dx\, dy \tag{8.22}$$

를 극치로 하면 된다. 제 1차 변분 δv를 취하면

$$\delta v = 2 \iint_G \left[\frac{\partial u}{\partial x} \frac{\partial \delta u}{\partial x} + \frac{\partial u}{\partial y} \frac{\partial \delta u}{\partial y} - \lambda u \, \delta u \right] dx\, dy$$

$$= 2 \int_\Gamma (\frac{\partial u}{\partial x} \frac{\partial x}{\partial n} + \frac{\partial u}{\partial y} \frac{\partial y}{\partial n}) \delta u \, ds - 2 \iint_G (\Delta u + \lambda u) \delta u \, dx\, dy$$

여기서 n은 경계에 세운 법선으로, δu는 경계상에서 0이다. 따라서 제 1항은 0이고, 제 2항으로부터 Euler 방정식으로서 문제로 하고 있는 미분방정식 (8.17)과 같은 형태

$$\Delta u + \lambda u = 0$$

가 얻어진다. 여기서

$$\Delta = \frac{\partial^2}{\partial x^2} + \frac{\partial^2}{\partial y^2}$$

그러나 이 경우 λ는 단지 Lagrange 곱수이므로, 식 (8.20)의 최소치로 된다고 하는 것을 이야기하기 위해서는 별도의 입장에서 생각하면 좋다. 이를 위해서는 처음부터 λ_1을 식 (8.20)의 최소치이라고 정의한다. 그리고 나서 λ_1이 식 (8.17)의 λ_1으로 되는 것을 말하면 된다. 임의의 비교함수 u에 대해서 적당한 정수 c를 취하여 $H[cu] = 1$ 로 되도록 하는 것이 가능하다고 하는 것과, $v[u]$와 $H[u]$는 동차라 하는 것을 고려하면, λ_1의 정의로부터

$$\frac{v[u]}{H[u]} = \frac{v[cu]}{H[cu]} = v[cu] \geq \lambda_1$$

이다. $H[u]$는 양이므로, 임의의 u에 대해서

$$v[u] - \lambda_1 H[u] \geq 0$$

즉

$$\iint_G [(\frac{\partial u}{\partial x})^2 + (\frac{\partial u}{\partial y})^2 - \lambda_1 u^2]\, dx\, dy \geq 0 \tag{8.23}$$

이 성립한다. u가 정류함수이면 부호가 성립한다. 따라서 범함수 $v[u] - \lambda_1 H[u]$가 최소치, 즉 0을 취하도록 u를 선택하면 된다. 이때의 정류함수를 u_1이라 하자. 그러면 이상에서 정의한 λ_1, u_1에 대해서 식 (8.17)이 성립하지 않으면 안되는 것을 나타내면 된다. 이를 위해서는 식 (8.23)의 좌변의 변분을 취하면 좋다.

정류함수 u_1 근방의 비교함수를 $u = u_1 + \alpha\eta$로 한다. 여기서 α는 미소 파라메터, η는 Γ상에서 0으로 되는 임의 함수라 한다. $v[u] - \lambda_1 H[u]$를 α의 함수라 생각했을 때 $\alpha = 0$에서 극치를 취하므로 그곳에서의 α에 관한 미분이 0이 되어야만 한다.

$$\left\{\frac{d}{d\alpha}\iint_G\left[(\frac{\partial u_1}{\partial x}+\alpha\frac{\partial\eta}{\partial x})^2+(\frac{\partial u_1}{\partial y}+\alpha\frac{\partial\eta}{\partial y})^2-\lambda_i(u_1+\alpha\eta)^2\right]dx\,dy\right\}_{\alpha=0}$$

$$=2\iint_G\left[\frac{\partial u_1}{\partial x}\frac{\partial\eta}{\partial x}+\frac{\partial u_1}{\partial y}\frac{\partial\eta}{\partial y}-\lambda_1 u_1\eta\right]dx\,dy=0$$

로 되고, 부분적분을 하여

$$\iint_G(\Delta u_1+\lambda_1 u_1)\eta\,dx\,dy=0$$

를 얻는다. η는 임의이므로, Euler 방정식으로서

$$\Delta u_1+\lambda_1 u_1=0$$

가 구해진다.

다음에 $i = 2$의 경우를 생각하자. 즉 $i = 2$일 때의 식 (8.16), (8.17) 및 (8.18)에 대응하는 변분문제는 범함수

$$v[u]=\iint_G\left[(\frac{\partial u}{\partial x})^2+(\frac{\partial u}{\partial y})^2\right]dx\,dy \tag{8.24}$$

를

$$H[u]=\iint_G u^2\,dx\,dy=1 \tag{8.25}$$

및

$$H[u,\ u_1]=\iint_G u\,u_1\,dx\,dy=0 \tag{8.26}$$

로 되는 부대조건에서 최소로 하는 것이다. 여기서 경계조건은 Γ상에서

$$u = 0$$

이다. 여기서 또는 u_1은 제 1차 고유함수이다. 증명은 앞과 동일하고, 이 변분일 때의 식 (8.24)의 최소치를 λ_2라 한다. 그러면 임의의 u에 대해서 $H[cu]=1$로 할 수 있으므로

$$\frac{v[u]}{H[u]} = \frac{v[cu]}{H[cu]} = v[cu] \geq \lambda_2$$

로 된다. 그러므로,

$$v[u] - \lambda_2 H[u] \geq 0$$

정류함수를 u_2라 하면, 윗식이 등호 일 때, 즉 좌변의 최소는 u가 u_2일 때에 성립한다. 즉 식 (8.24)의 정류함수 u_2는 $v[u]-\lambda_2 H[u]$의 정류함도 되고 있다. 단 어느 경우도 부대조건 (8.26)이 있다. 단 후자의 경우, 식 (8.25)는 필요없다. 이제 정류함수 u_2 근방의 비교함수 u를 임의 미소파라메터 α에 대해

$$u = u_{2+} \alpha \zeta$$

로 하고, ζ는 부대 조건 (8.26)을 만족하도록 정한다. 즉

$$\zeta = \eta + k u_1 \tag{8.27}$$

로 놓고

$$\iint_G u\, u_1\, dx\, dy = \iint_G (u_2 + \alpha\eta + \alpha k u_1) u_1\, dx\, dy$$
$$= \alpha \left(\iint_G \eta\, u_1\, dx\, dy + k \right) = 0$$

로 되도록 정수 k를 선택한다. 이것은 η는 어떠한 것에서도 k만 윗식을 만족하도록 하면 좋은 것으로, 따라서 η는 Γ상에서 0으로 되는 이외에는 임의이다.

$v[u]-\lambda_2 H[u]$를 α의 함수라 고려하여, $\alpha=0$에서 미분계수를 0으로 놓으면

$$\iint_G \left[\frac{\partial u_2}{\partial x}\frac{\partial \zeta}{\partial x}+\frac{\partial u_2}{\partial y}\frac{\partial \zeta}{\partial y}-\lambda_2 u_2 \zeta\right] dx\, dy=0$$

로 된다. ζ에 식 (8.27)을 대입하면

$$k\iint_G \left[\frac{\partial u_2}{\partial x}\frac{\partial u_1}{\partial x}+\frac{\partial u_2}{\partial y}\frac{\partial u_1}{\partial y}-\lambda_2 u_2 u_1\right] dx\, dy$$

$$+\iint_G \left[\frac{\partial u_2}{\partial x}\frac{\partial \eta}{\partial x}+\frac{\partial u_2}{\partial y}\frac{\partial \eta}{\partial y}-\lambda_2 u_2 \eta\right] dx\, dy=0$$

로 되고, 제 1항은 0으로 된다. 이것은 $\Delta u_1=-\lambda_1 u_1$및 (u_1, u_2)의 적분이 0으로 되는 것으로부터 명확하다. 제 2항은 또 부분적분하여

$$-\iint_G [\Delta u_2+\lambda_2 u_2]\eta\, dx\, dy$$

로 되므로, Euler 방정식으로서

$$\Delta u_2+\lambda_2 u_2=0$$

를 얻는다. $i=3, 4, \cdots$의 경우도 동일하다. 단지 부대조건 (8.19)의 개수가 증가하는 것뿐이다. λ_2를 구할 때에는 λ_1을 구할 때보다 부대조건이 하나 많았기 때문에 $\lambda_1 \le \lambda_2$로 된다(이에 대한 일반정리의 설명은 생략). 따라서 일반적으로

$$\lambda_1 \le \lambda_2 \le \lambda_3 \le \cdots$$

가 성립한다.

위에 설명한 방법에서는 u_i 및 λ_i를 정의할 때, $u_1, u_2, \cdots, u_{i-1}$로 되는 고유함수가 정의되어 있지않으면 식 (8.19)가 의미를 잃어버리므로 안되었다. 이번에는 u_i, λ_i를 $u_1, u_2, \cdots, u_{i-1}$의 지식없이 일방적으로 정의하자. $i-1$개의 G내에서 구분적 연속인

함수 $w_1, w_2, \cdots, w_{i-1}$이 주어져 있다고 한다. Γ상에서 0으로 되고 G내에서 구분적 연속인 함수에서

$$H[\phi] = \iint_G \phi^2 dx\, dy = 1 \tag{8.28}$$

및

$$H[\phi, w_j] = \iint_G \phi w_j dx\, dy = 0 \quad (j = 1, 2, \cdots, i-1) \tag{8.29}$$

를 만족하고

$$v[\phi] = \iint_G [(\frac{\partial \phi}{\partial x})^2 + (\frac{\partial \phi}{\partial y})^2]\, dx\, dy \tag{8.30}$$

를 최소로 하는 정류함를 $\phi(x, y)$라 놓는다. 또 그때의 최소치를 $\overline{\lambda_i}$라 두면, $\overline{\lambda_i}$는 조건으로 선택한 함수 $w_1, w_2, \cdots, w_{i-1}$에 의존한다. 식 (8.17)의 i번째 고유치 λ_i란 $w_1, w_2, \cdots, w_{i-1}$를 여러 가지로 바꾸었을 때의 $\overline{\lambda_i}$의 최대치이다. 또 그때의 ϕ가 고유함수 u_1이다. 이 원리를 고유치의 **최대최소의 원리(Maximum-minimum principle)** 라 한다. 물론 이 경우 식 (8.28)의 조건을 빼고, $v[\phi]/H[\phi]$의 최소를 식 (8.29)의 부대조건에서 고려하여도 좋다. 그러면 증명하여 보자. 이를 위해서는 $\overline{\lambda_i} \leq \lambda_i$가 증명되면 된다. ϕ로서 i개의 고유함수 $u_1, u_2, \cdots, u_i$의 선형결합을 고려한다.

$$\phi = c_1 u_1 + c_2 u_2 + \cdots + c_n u_n$$

이것을 식 (8.28), (8.29)에 대입하면, i개의 c_1에 관한 i개의 대수방정식이 얻어지므로 $c_1, c_2, \cdots, c_i$가 정해진다. 다음에 최소로 해야할 범함수 (8.30)에 이 ϕ를 대입하면

$$v[\phi] = \iint_G [(c_1 \frac{\partial u_1}{\partial x} + c_2 \frac{\partial u_2}{\partial x} + \cdots + c_i \frac{\partial u_i}{\partial x})^2$$

$$+ (c_1 \frac{\partial u_1}{\partial y} + c_1 \frac{\partial u_2}{\partial y} + \cdots + c_1 \frac{\partial u_1}{\partial y})^2]\, dxdy$$

로 된다. 한편

$$v[u_l,\, u_m] = \iint_G \left(\frac{\partial u_l}{\partial x}\frac{\partial u_m}{\partial x} + \frac{\partial u_l}{\partial y}\frac{\partial u_m}{\partial y}\right) dx\, dy$$

$$- \iint_G (\Delta u_1) u_m\, dx\, dy = \lambda_1 \iint_G u_l\, u_m\, dx\, dy$$

로 되므로, 윗식은 $l \neq m$일 때 0, $l = m$일 때 λ_l로 된다. 그러므로

$$v[\phi] = \sum_{j=1}^{i} {c_j}^2 \lambda_j$$

로 된다. 또 한편 식 (8.28)에서

$$\sum_{j=1}^{i} {c_j}^2 = 1\ ,\ \ \lambda_i \geq \lambda_j \quad (j = 1, 2, \cdots, i)$$

이므로 다음의 부등식이 얻어진다. 즉 $v[\phi]$의 최소치가 $\overline{\lambda_i}$로 되는 것을 고려하여

$$\overline{\lambda_i} \leq v[\phi] \leq \lambda_i \sum_{j=1}^{i} {c_j}^2 = \lambda_i$$

이것으로 증명이 완료된다. 이상의 이론은 $H[u]$가 양정치(positive definite)형식이고, v와 H가 동차가 아니어서는 안된다.

[예제 8.3] 2차원 영역을 G, 그 경계를 Γ라 했을 때, 범함수

$$v[\phi] = \iint_G p({\phi_x}^2 + {\phi_y}^2) dx\, dy + \iint_G q\phi^2\, dx\, dy + \int_\Gamma p\,\sigma\,\phi^2\, ds \quad (p > 0) \tag{1}$$

을 Γ상에서 경계조건

$$\frac{\partial \phi}{\partial n} + \sigma\phi = 0 \tag{2}$$

및 부대조건

$$H[\phi] = \iint_G \rho \phi^2 \, dx \, dy = 1 \,, \quad (\rho > 0) \tag{3}$$

하에서 최소로 되는 변분문제는 어떠한 고유치문제에 대응하는가.

[해] 식(2)와 (3)의 부대조건에서 $v[\phi]$의 최소치를 λ라 한다. 혹은 식(2)의 부대조건에서 $v[\phi]/H[\phi]$의 최소치 λ라 한다.

$$v[\phi] - \lambda H[\phi] \geq 0 \tag{4}$$

이다. 문제의 정류함수 u는 위의 좌변을 최소로 하기 때문에, 그 제 1차 변분을 취하여 0으로 놓는다. 즉

$$\begin{aligned} 2\iint_G p(u_x \delta \phi_x + u_y \delta \phi_y) dx \, dy + 2\iint_G q u \delta \phi \, dx \, dy \\ + 2\int_\Gamma p \sigma u \delta \phi \, ds - 2\lambda \iint_G \rho u \delta \phi \, dx \, dy = 0 \end{aligned} \tag{5}$$

식(5)를 부분적분하면

$$\begin{aligned} \int_\Gamma p\left(u_x \frac{\partial x}{\partial n} + u_y \frac{\partial y}{\partial n} + \sigma u\right) \delta \phi \, ds \\ - \iint_G \left[(pu_x)_x + (pu_y)_y - qu + \lambda \rho u\right] \delta \phi \, dx \, dy = 0 \end{aligned} \tag{6}$$

로 된다. 따라서 Euler 방정식은

$$(pu_x)_x + (pu_y)_y - qu + \lambda \rho u = 0 \quad (p > 0 \,, \rho > 0) \tag{7}$$

이고, 경계조건이

$$\frac{\partial u}{\partial n} + \partial u = 0$$

로 된다. 이로서 고유치문제의 미분방정식을 구하였다. i번째의 고유치 λ_i를 구할 때의 변분문제는 부가조건으로서 식(2), (3)외에 $h-1$개의 조건

$$H[\phi, u_k] = \iint_G \rho \phi u_k \, dx \, dy = 0 \,, \ (k = 1, 2, \cdots, i-1) \tag{8}$$

가 고유함수 $u_1, u_2, \cdots, u_{i-1}$을 이용하여 주어진다.

[예제 8.4] 영역 G의 주변 Γ에서 고정된 판의 자유굽힘진동을 나타내는 고유진동수를 구하기 위해서는 어떻게 하면 될까?

[해] 판의 변위를 u, 시간을 t, 단위면적의 질량을 ρ라 하면, 운동방정식은

$$\Delta\Delta u = \rho u_{t.t} \tag{1}$$

로 되고, 경계조건은 Γ상에서

$$u = 0 \ , \ \frac{\partial}{\partial n} = 0 \tag{2}$$

이다. 변위를

$$u = w(x \ , y) g(t) \tag{3}$$

로 놓으면

$$\frac{\Delta\Delta w}{\rho w} = \frac{\ddot{g}}{g} = -\lambda \tag{4}$$

$\sqrt{\lambda}$가 고유진동수가 된다. 이것은 $\ddot{g} + \lambda g = 0$의 해가 진동항 $\sin\sqrt{\lambda}t$, $\cos\sqrt{\lambda}t$로 되기 때문이다. λ를 정하는 데는

$$\Delta\Delta w = \lambda\rho w = 0 \tag{5}$$

를 Γ상에서

$$w = 0 \ , \ \frac{\partial w}{\partial n} = 0 \tag{6}$$

로 되는 경계조건으로 푸는 고유치문제를 풀지 않으면 안된다. 최소로 해야 할 범함수는

$$\frac{v[\phi]}{H[\phi]} = \iint_G (\Delta\phi)^2 dx\, dy \ / \ \iint_G \rho\phi^2\, dx\, dy \tag{7}$$

이다. i번째의 고유치를 구하는 데는 $i-1$번째까지의 고유함수에 직교한다고 하는 부대조건이 필요하다.

8.3 고유치 문제의 직접 해법

이 절에서는 몇 가지의 고유치 문제를 직접 해법들을 이용하여 푸는 과정을 설명한다. 고유치 문제는 동적인 문제와 크게 관계가 있다. 많은 경우에 있어서 이것은 정적인 문제보다 해석하기에 더욱 어려워서 해석적인 방법이 실질적이지 못한다. 직접 해법의 사용이 정리되어 있다. 6장에서 Ritz법과 Galerkin법이 똑같이 적용될 수 있다.

8.3.1 Ritz의 방법

Sturm-Liouville 경계치 문제의 일반적인 형태는 다음과 같다.

$$
\begin{aligned}
&\frac{d}{dx}[p(x)\frac{du}{dx}]+[\lambda p(x)-q(x)]u=0\ , \quad (a \le x \le b) \\
&\alpha_1 u(a)+\alpha_2 u'(a)=0 \\
&\beta_1 u(b)+\beta_2 u'(b)=0 \\
&p(x)>0 \\
&\rho(x)>0 \\
&\alpha_1^2+\alpha_2^2 \neq 0 \\
&\beta_1^2+\beta_2^2 \neq 0
\end{aligned}
\tag{8.31}
$$

여기서 $p(x)$, $\rho(x)$와 $q(x)$는 구간 $a \le x \le b$에서 연속이다. 이 문제와 관계가 되는 고유치들을 구하기 위해 Ritz의 방법을 적용하기 위해서는 범함수의 형태가 유도되어야 한다. 고유치의 정의로부터 식 (8.31)의 미분방정식은 다음과 같이 다시 쓰여진다.

$$\frac{d}{dx}[p(x)\frac{du}{dx}]+[\lambda\,\rho(x)-q(x)]u=-wu$$

또는

$$\frac{d}{dx}[p(x)\frac{du}{dx}]+[\lambda\,\rho(x)-q(x)]u=0 \tag{8.32}$$

식 (8.32)의 범함수는 아래와 같이 구성될 수 있다.

$$\begin{aligned}&\int_a^b\left\{\frac{d}{dx}[p(x)\frac{du}{dx}]+\{[\lambda\rho(x)+w]-q(x)\}u\right\}\delta u\,dx=0\\&p(x)\frac{du}{dx}\delta u\mid-\int_a^b\left\{p(x)\frac{du}{dx}\delta u_x-\{\{\lambda\rho(x)+w\}-q(x)\}u\,\delta u\right\}dx=0\end{aligned} \tag{8.33}$$

식 (8.33)의 두 번째 줄의 적분항은 아래 식의 변분이다.

$$v[u]=\frac{1}{2}\int_a^b\left\{p(x)(\frac{du}{dx})^2-\{\{\lambda\rho(x)+w\}-q(x)\}u^2\right\}dx \tag{8.34}$$

이것이 사용되기 위한 범함수이다. Ritz의 방법을 적용하기 위해 아래 형태의 시행함수(trial function)를 가정한다.

$$u(x)\simeq\sum_{j=1}^{N}c_j\phi_j(x) \tag{8.35}$$

이 시행함수를 식 (8.34)에 대입하면 아래와 같다.

$$\begin{aligned}v[u]\cong\frac{1}{2}\int_a^b[\,p(x)&\left[\sum_{j=1}^{N}c_j(\frac{d\phi_j}{dx})\right]^2\\&-\{[\lambda\rho(x)+w]-q(x)\}(\sum_{j=1}^{N}c_j\phi_j)^2\,]\,dx\end{aligned} \tag{8.36}$$

이 방정식은 다음과 같이 쓰여질 수 있다.

$$v[u]\cong T(c_1,\,\cdots,\,c_N,\,w,\,\lambda) \tag{8.37}$$

식 (8.37)은 각 상수 c_j에 관한 극치를 구하는 것이다. 그 결과는 아래와 같다.

$$\frac{\partial T}{\partial c_j}=0 \quad , \quad (j=1, \cdots , N) \tag{8.38}$$

이것은 연립 방정식이다. 범함수의 2차적인 성질 때문에 T에 있어서 모든 c_j는 2차이거나 쌍일차(bilinear)이다. 그러므로, 식 (8.38)은 아래와 같이 다시 쓰여질 수 있다.

$$\frac{\partial T}{\partial c_i}c_i = A_{ij} = 0 \tag{8.39}$$

위의 방정식이 특이해(nontrival solution)를 가지기 위해서는 식 (8.39)의 행렬의 행렬식이 0이어야 한다. 즉

$$\det \mid A_{ij} \mid = f(w, f) = 0 \tag{8.40}$$

식 (8.40)의 행렬식을 **주파수 방정식**이라고 부른다. 고유치를 구하는 과정은 주파수 방정식의 근을 찾는 것이다. 이 근들은 문제의 고유치들에 일치한다. 구해진 고유치들의 수는 취하는 항의 수 N에 의존한다는 사실을 주의한다. 만약 두 개의 항이 선택되어 진다면, 주파수 방정식에 두 개의 근이 존재한다.

[예제 8.5] 아래의 문제에 대응하는 고유치들을 구하시오.

$$\frac{\partial^2 u}{\partial x^2}+u=0 \quad , \quad (0 \le x \le 1) \qquad (1)$$
$$u(0)=u(1)=0$$

[해] 이것은 $p(x)=\rho(x)=\lambda=1$과 $q(x)=0$의 특별한 경우이다. 식 (8.19)에 의해, 이 문제의 범함수는 다음과 같다.

$$I[u]=\frac{1}{2}\int_0^1 \left[(\frac{du}{dx})^2-(1+w)u^2 \right] dx \qquad (2)$$

시행함수를 아래와 같이 가정하자.

$$u(x) \cong x(x-1)(a_1+a_2 x) \qquad (3)$$

이 시행 함수가 식 (2)에 대입될 때, 그 결과 범함수 식 (8.22)는 다음과 같다.

$$T = \frac{9-w}{60}{a_1}^2 + \frac{9-w}{60}a_1 a_2 + \frac{13-w}{210}{a_2}^2 \quad (4)$$

이 방정식이 각 상수에 대해 극치를 가질 때, 식 (4)는 아래와 같이 된다.

$$A_{ij}\,a_j = \begin{bmatrix} \frac{9-w}{30} & \frac{9-w}{30} \\ \frac{9-w}{30} & \frac{13-w}{105} \end{bmatrix} \begin{Bmatrix} a_1 \\ a_2 \end{Bmatrix} = 0 \quad (5)$$

그러므로, 주파수 방정식은

$$f(w) = \det|A_{ij}| = w^2 - 50w + 369 = 0 \quad (6)$$

로 되고, 이 식의 근들은 다음과 같다.

$$w_1 = 9 \quad , \quad w_2 = 41 \quad (7)$$

비교를 위한 식(1)의 엄밀한 해는 다음과 같다.

$$\begin{aligned} w_1 &= \pi^2 - 1 \cong 8.86960 \\ w_2 &= 4\pi^2 - 1 \cong 38.47842 \end{aligned} \quad (8)$$

표 8.1은 4차까지의 고유진동수의 계산결과를 나타낸다. 여기서 보여지는 것과 같이 고유치다 클수록 정밀도가 떨어진다. 보다 많은 항들이 더 작은 고유치들을 계산하기 위해 시행함수에 포함되어야 한다. 표 8.1은 Mathematica 등을 이용하면 쉽게 계산될 수 있다.

표 8.1 Ritz의 방법에 의한 고유치

N	w_1	w_2	w_3	w_4
1	9.00000			
2	9.00000	41.00000		
3	8.86974	41.00000	101.13025	
4	8.86974	38.50155	101.13025	199.49845
Exact	8.86960	38.47842	87.82644	156.91367

참고) 시행함수 : $u(x) \cong x\,(x-1)\sum_{j=1}^{N} a_j x^{j-1}$

8.3.2 Galerkin의 방법

Galerkin의 방법을 사용하여 아래의 고유치 문제의 고유치들을 구하는 방법을 설명한다.

$$\frac{d}{dx}[\,p(x)y'\,] - qy + \lambda y = 0 \quad , \quad (p > 0\,,\, q \geq 0) \tag{8.41}$$

경계조건은 아래와 같다.

$$y(0) = y(l) = 0 \tag{8.42}$$

정류함수를 식 (8.42)을 만족하도록 아래와 같이 가정한다.

$$y = \sum_{n=1}^{N} a_n \sin\frac{n\pi x}{l} \tag{8.43}$$

이것을 식 (8.41)에 대입한다.

$$\int_0^l \left[\frac{d}{dx}(py') - qy + \lambda y\right] \sin\frac{n\pi x}{l}\, dx = 0 \;, \quad (n = 1\,,\,2,\;\cdots\;) \tag{8.44}$$

그리고

$$\begin{gathered} \int_0^l \left[(p\frac{m\pi}{l} cos\frac{m\pi x}{l}\,) - q\sin\frac{m\pi x}{l}\right] \sin\frac{n\pi x}{l}\, dx = \alpha_{mn} \\ \int_0^l \sin\frac{m\pi x}{l} sin\frac{n\pi x}{l}\, dx = \frac{\delta_{nm}\, l}{2} \end{gathered} \tag{8.45}$$

라 하면, 그 때 식 (8.44)는 아래와 같이 된다.

$$\sum_{m=1}^{N} a_m\,(\alpha_{mn} + \frac{\lambda\,\delta_{mn}\,l}{2}\,) = 0 \quad , \quad (n = 1\,,\,2\,,\,3\,,\;\cdots) \tag{8.46}$$

a_m의 특이값들은 오직 다음과 같을 때에만 존재한다.

$$\begin{vmatrix} a_{11}+\frac{\lambda l}{2} & a_{12} & \cdots & a_{1N} \\ a_{21} & a_{22}+\frac{\lambda l}{2} & \cdots & a_{2N} \\ \vdots & \vdots & \ddots & \vdots \\ a_{N1} & a_{N2} & \cdots & a_{NN}+\frac{\lambda l}{2} \end{vmatrix} = 0 \quad (8.47)$$

식 (8.47)에서 λ의 근들은 λ_1, λ_2, $\cdots$, λ_N의 근사해들이다.

[예제 8.6] 미분방정식

$$\nabla^2 \nu + \lambda \nu = 0 \quad (1)$$

은 반지름 a이고, 경계조건이 $r=a$에서 $\nu=0$인 원내에서 정의된다. 변분원리의 직접해법에 의해 고유치 λ를 구하시오. 고유치들은 대칭적(symmetrical)이라고 가정한다.

[해] 식(1)은 아래와 같이 쓰여진다.

$$\frac{1}{r}\frac{d}{dr}\left(r\frac{d\nu}{dr}\right)+\lambda\nu=0 \quad (2)$$

$r=a$에서 $\nu=0$인 경계조건을 만족하는 기저함수(fundamental function)들을 아래와 같이 선택한다.

$$w_1=\cos\left(\frac{\pi r}{2a}\right),\ w_1=\cos\left(\frac{3\pi r}{2a}\right),\ w_1=\cos\left(\frac{5\pi r}{2a}\right),\ \cdots \quad (3)$$

첫 번째 고유함수는 다음에 의해 근사된다.

$$\nu_1=a_1\cos\left(\frac{\pi r}{2a}\right) \quad (4)$$

Galerkin의 방법에 따르면, 다음을 얻을 수 있다.

$$\int_0^a\left[\frac{1}{r}\frac{d}{dr}\left(r\frac{d\nu_1}{dr}\right)+\lambda\nu_1\right]w_1 2\pi r\,dr=0 \quad (5)$$

첫 번째 고유치는 아래와 같이 근사화 된다.

$$\frac{\pi^2}{4}\left(\frac{1}{2}+\frac{2}{\pi^2}\right)-\lambda a^2\left(\frac{1}{2}-\frac{2}{\pi^2}\right)=0 \tag{6}$$

첫 번째 고유치는 아래와 같이 근사화 된다.

$$\lambda_1=\frac{5.830}{a^2} \tag{7}$$

λ_1의 엄밀해는 $\lambda_1 = 5.779/a^2$로 알려져 있다. 첫 번째 고유함수의 두 번째 근사는 아래와 같이 가정된다.

$$\nu_1 = a_1\cos\left(\frac{\pi r}{2a}\right)+a_2\cos\left(\frac{3\pi r}{2a}\right) \tag{8}$$

그러면

$$\begin{aligned}&\int_0^a\left[\frac{1}{r}\frac{d}{dr}\left(r\frac{d\nu_1}{dr}\right)+\lambda\,\nu_1\right]w_1\,2\pi r\,dr=0\\&\int_0^a\left[\frac{1}{r}\frac{d}{dr}\left(r\frac{d\nu_1}{dr}\right)+\lambda\,\nu_1\right]w_2\,2\pi r\,dr=0\end{aligned} \tag{9}$$

또는 수치적으로

$$\begin{aligned}&(1.7337-0.29736\,a)a_1+(0.20264\,\lambda a^2-1.5)a_2=0\\&(0.20264\,a^2-1.5)a_1+(11.603-0.47748\,\lambda a^2)a_2=0\end{aligned} \tag{10}$$

식(10)의 행렬에 대한 행렬식을 0으로 놓으면 아래의 식이 유도된다.

$$0.10092\,\lambda^2a^4-3.6702\,\lambda a^2+17.866=0 \tag{11}$$

식(11)의 가정 작은 근은 다음과 같다.

$$\lambda_1=\frac{5.790}{a^2} \tag{12}$$

오차는 엄밀해와 비교할 때 0.19%로 평가된다. 식(7)에 의해 주어진 λ_1의 값을 식(10)의 방정식의 하난에 대입될 때, 다음과 같다.

$$0.0144\,a_1 - 0.3263\,a_2 = 0 \tag{13}$$

또는

$$a_1 = 0.3263C\ ,\ a_2 = 0.0114C \tag{14}$$

그러므로, 근사적인 첫 번째 고유함수는 아래와 같이 얻어진다.

$$u_1 = C\left[0.3263\cos\left(\frac{\pi r}{2a}\right) + 0.0114\cos\left(\frac{3\pi r}{2a}\right)\right] \tag{15}$$

참고문헌

1. Elsgolc, L. E., Calculus of Variations, Pergamon, 1961
2. Hayashi, T. and Mura, T., A, CoronaJIt, 1979
3. Mura, T. and Koya, T., Variational Methods in Mechanics, Oxford Univ. Press, 1992
4. Reddy, J. N., Applied Functional Analysis and Variational Methods in Engineering, McGraw Hill Co., 1987
5. 小出昭一郎,解析力學,岩波書店,1983
6. Pilkey, W. D. and Wunderlich, W., Mechanics of Structures : Variational and Computational Methods, CRC Press, 1994

변분법과 해석역학

2024년 7월 15일 인쇄 발행

저　　자	김선화, 이사용
발 행 인	송기수
발 행 처	도서출판 GS인터비전
편 집 처	도서출판 GS인터비전
편 집 인	공예서, 한아름
표지디자인	한국에너지기술단
인 쇄 처	트윈벨미디어
등록번호	제 25100-2016-000050호
I S B N	979-11-5576-464-0(93550)

주　소	서울 은평구 증산로 15길 69, 2층
전　화	02-976-7898, 02-3272-7898.
팩　스	02-6468-7898
홈페이지	gsintervision.kr
E-Mail	gsinter7@gmail.com

정 가　25,000원